未来へ繋ぐ災害対策

科学と政治と社会の協働のために

松岡俊二・阪本真由美・寿楽浩太
寺本　剛・秋光信佳〔著〕

有斐閣

はしがき

「未来へ繋ぐ」という言葉は、災害伝承や防災教育分野で「未来へ繋ぐ災害の伝承」、「未来へ繋ぐ防災学習」などとして馴染みのある言葉である。しかし、「未来へ繋ぐ災害対策」という言葉は、あまり落ち着きの良い言葉ではない。

本書の序章で述べるが、日本の災害対策は１９５９（昭和34）年の伊勢湾台風災害を契機として、１９６１年に制定された災害対策基本法に基づいて行われてきた。１９９５年の阪神・淡路大震災、２０１１年の東日本大震災と福島第一原子力発電所（１Ｆ〔イチエフ〕）事故による原子力災害などを契機として、災害対策基本法は何度も改正されてきた。

しかし、２０２０年からの新型コロナ感染症パンデミック（世界的大流行）という生物災害や２０２２年のロシアによるウクライナへの侵略戦争という最悪な人為的災害は、日本社会だけでなく、人類社会に対して災害対策という概念の根源的な再検討を求め、災害対策という概念の拡大と深化を要求している。

災害対策とは本質的に現在を未来へ繋ぐものである。その意味では「未来へ繋ぐ災害対策」は違和感のない言葉である。しかし、新型コロナ感染症パンデミックや21世紀の世界でまったく想定外であった20世紀的な侵略戦争の発生という人類社会の現実を目の前にすると、「未来へ繋ぐ災害対策」という言葉は落ち着きが悪くなる。

従来の災害対策では有効に対応できない災害が多発し、従来のやり方では「未来へ繋ぐ災害対策」にならないのではないかという深く本質的な「問い」が、われわれのなかに浸透している。

それでは、どのようにすれば「未来へ繋ぐ災害対策」を創ることができるのか。この「問い」に「応えたい」と思い、本書を編集した。しかし、本書は「未来へ繋ぐ災害対策」とは何かという「問い」に対する「答え」を提示しない。より正確にいえば、「問い」への唯一の正解や最適解はないし、正解はいくつもあるというのが本書の基本的な立場である。いくつも存在する正解から、科学と政治と社会は協働して「対話の場」＝「学びの場」を形成し、社会的に納得可能な解決策を共創することが必要であり重要だというのが、本書の一貫したメッセージである。

さらにいえば、「学びの場」とはLearning Communityであり、災害対策の新しい知識を創造するという目的を持ったコミュニティである。科学と政治と社会による「対話の場」＝「学びの場」が有効に機能するには、参加者のエンパシー（empathy）能力の形成や境界知作業者の役割が決定的である。こうした点も、本書の重要なメッセージとして終章で詳しく述べている。

さて、2011年3月11日から、筆者は1F廃炉（事故処理）と原子力災害からの福島復興の研究や復興支援に取り組んできた。そのなかでしだいに明確に見えてきた1Fの事故要因や災害復興の構造的問題がある。

それは、原子力発電所の安全性や災害対策という本当に大事なことを、一部の専門家や政府だけに任せてはいけないし、一部の専門家や政府だけに任せて何とかなるような時代ではないということである。このことは、本書の第4章や第5章で述べているトランス・サイエンス的課題（科学を超えた課題）や、厄介な問題（既存の解決方法では解けない問題）の本質的特性である。

現在の世界や日本の多くの社会課題は、災害対策であれ、気候変動であれ、新型コロナ感染症であれ、人口減少であれ、赤字財政や年金制度であれ、トランス・サイエンス的課題であり厄介な問題である。

こうした社会課題は、一部の専門家や政府だけに任せるわけにはいかないので、科学（専門家）と政治（行政）と社会（市民）が協働して、解決策について考える新しい社会的仕組みを創出しなければならない。新たな社会的仕組みや社会制度の創出によって、社会的課題を解決し、新たな社会的価値を創造することが社会イノベーションである（松岡編［2018］）。

「未来へ繋ぐ災害対策」の成否は、科学と政治と社会が協働して新たな災害対策を創る社会的仕組みづくりという社会イノベーションが創造できるかどうかにかかっている。科学と政治と社会が、それぞれが持つ硬くて厚い壁を乗り越えて、多様な人々による「対話の場」＝「学びの場」という新たな社会的仕組みを創り出すことに挑戦することが求められている。

本書を通じて、一人でも多くの皆さんが、災害対策における社会イノベーションを創り出す変革者＝境界知作業者としての歩みを始めていただくことを願っている。

挑戦は始まったばかりである。

諦めるには早すぎる。

いざ挑戦の旅へともに出発しよう。

2022年9月30日

著者を代表して　松岡　俊二

参考文献

松岡俊二編［2018］『社会イノベーションと地域の持続性――場の形成と社会的受容性の醸成』有斐閣。

目次

第Ⅱ部　教訓を未来へ繋ぐ

著者紹介

松岡　俊二　早稲田大学大学院アジア太平洋研究科教授（専門分野：環境経済・政策学）　担当：序章、第4章、第8章、終章

阪本　真由美　兵庫県立大学大学院減災復興政策研究科教授（専門分野：防災学）　担当：第1章、第6章

寿楽　浩太　東京電機大学工学部教授（専門分野：科学技術社会学）　担当：第2章・第3章

寺本　剛　中央大学理工学部教授（専門分野：環境倫理学）　担当：第5章

秋光　信佳　東京大学アイソトープ総合センター教授（専門分野：生物科学）　担当：第7章

藤原　広行　国立研究開発法人防災科学技術研究所マルチハザードリスク評価研究部門　部門長（専門分野：応用地震学）　担当：コラム①

森　渉　広島市危機管理室危機管理課　課長補佐　担当：コラム②

高原　耕平　公益財団法人ひょうご震災記念21世紀研究機構　人と防災未来センター研究部主任研究員（専門分野：臨床哲学）　担当：コラム③

序章　災害対策のパラダイム・シフト
――科学と政治と社会の協働

［松岡俊二］

1　本書の目的

災害とは何か

本書『未来へ繋ぐ災害対策――科学と政治と社会の協働のために』は、地震・津波や台風・豪雨といった自然災害だけでなく、原子力災害などの事故災害や新型コロナ感染症などの生物災害を含む多様な災害を対象に、科学と政治と社会の協働によって災害対策のパラダイム・シフトを創り出し、災害に強い持続可能な日本社会を形成する方法について考える。

まず、本書の対象とする災害とは何かについて述べる。

1959（昭和34）年9月、愛知県、岐阜県、三重県などに死者・行方不明者5098人という甚大な被害をもたらした伊勢湾台風災害を契機に、61年11月、災害対策基本法が制定された。災害対策基本法の第2条第1号は、災害を次のように定義している。

「暴風、竜巻、豪雨、豪雪、洪水、崖崩れ、土石流、高潮、地震、津波、噴火、地滑りその他の異常な自然現象又は大規模な火事若しくは爆発その他その及ぼす被害の程度においてこれらに類する政令で定める原因により生ずる被害をいう」。

災害対策基本法の災害とは、豪雨・洪水や地震・津波などの自然災害だけでなく、大規模火災や工場等の爆発事故なども含むものである。なお、1999年9月30日に発生した茨城県東海村JCO臨界事故を契機とし、同年12月に原子力災害対策特別措置法が策定されている。これは、文字どおり原子力災害に関する特別措置法であり、原子力災害も災害対策基本法の定める災害の定義に含まれる。

災害対策基本法の定める災害の範囲は広いように思われるが、1961年の制定から60年以上が経過し、21世紀の社会環境の変化やさまざまな災害や事故の頻発する状況を考えると、もう少し広い災害の定義が必要ではないかと考えられる。

たとえば、ベルギーに本部を置く代表的な国際災害データベースであるEM－DATは、災害を自然災害と技術災害という2大分類で把握している。自然災害には、ウイルス・細菌や動物起源の感染症による生物災害（感染症災害）も位置づけられ、新型コロナ感染症も災害に含まれる。また、技術災害には、航空機事故や列車事故など運輸関連の事故災害も含まれている。

本書の対象とする災害は、日本の災害対策基本法をベースとしながら、国際社会で使用されているEM-DATの定義も参照し、新型コロナ感染症などの生物災害や航空機事故などの技術災害も含めた広い範囲で考える。

災害と防災と復興は三位一体

災害対策基本法が定義する防災の概念にも注意を払いたい。災害対策基本法の第2条第2号では、防災とは「災害を未然に防止し、災害が発生した場合における被害の拡大を防ぎ、及び災害の復旧を図ることをいう」と定義されている。

防災は、災害応急対応、復旧復興、予防減災、事前準備などの要素が含まれる包括的概念である。災害と防災と復興は一連の防災サイクルとして把握することが重要である。災害対策と防災対策と復興政策は三位一体のものであり、災害対策は復興政策のあり方を規定し、復興政策は災害対策のあり方を規定する。

福島原子力災害と復興政策研究に、11年以上取り組んできた筆者自身の経験からも、原子力事故対策における「失敗」が、その後の福島復興政策における国主導・ハード中心・住民不在の復興事業という「失敗」を生み出しているように思われる。

福島原発事故から半年後の2011年9月に緊急出版された『「想定外」の罠——大震災と原発』において、作家・柳田邦男は次のようなエピソードを記している。

「(筆者注：福島原発事故からしばらく経った日) テレビの討論番組をたまたま見ていたら、原子炉メーカーの専門家が、原発の安全性について論じる中で、『アメリカのスリーマイル島原発事故で明らかになった問題点は、すべて実施しているのです』と自信に満ちた表情で語っていた。私は思わず、『え？　本気ですか？』とひとりで叫んだ」(柳田［2011］7～8頁)。

『恐怖の2時間18分』というスリーマイル島原発事故に関する著作のある柳田は、スリーマイル島原発事故の一般性のある技術的教訓については、日本は改善に取り組んできたと述べている。しかし、スリーマイル島原発事故のきわめて重要な二つの教訓については、日本はまったく活かしてこなかったし、関心も払ってこなかったと強く批判している。

スリーマイル島原発事故の教訓の一つは、事故は想定外の要因によって起きることが多く、なぜ想定外のことが起きたのかという本質的な思考をしないと、有効な安全対策には繋がらないというものである。事故の技術的側面だけをみるのでは、歴史の教訓を活かした安全対策とはならない。

もう一つは、当時のジミー・カーター大統領が任命した事故調査特別委員会 (ケメニー委員会)

報告書でとくに重視された、放射能の拡散と避難に関連する情報公開の教訓を、日本の行政も電力会社もまったく活かさなかったことである。スリーマイル島原発事故では、事故を起こした2号機から放出された放射性物質の種類や量の拡散に関する重要な情報が迅速に発表されず、14万人に及んだ周辺住民の避難に大きな混乱が生じた。

２０１１年の福島原発事故でも情報公開に大きな問題があり、スリーマイル島原発事故の教訓が活かされなかった。柳田は、原発事故時の情報公開は以下の四つの要素が重要だとしている（柳田［２０１１］32頁）。①速やかであること、②正確であること、③わかりやすいこと、④普段から住民が熟知していること。

こうした情報公開の四つの課題は、その後の福島第一原子力発電所の事故調査や廃炉事業においても、依然として大きな課題として残されている。

福島第一原子力発電所の事故調査や廃炉事業において、速やかで、正確で、わかりやすい情報公開とは何かという「問い」に対し、一義的な「答え」は存在しない。多様な専門家や国・事業者や地域社会の住民が、お互いに相手を理解しようとする真摯な「対話の場」を形成し、何を本当に知りたいのか、何が大切なのかを、お互いが学び合う「学びの場」（learning community）を形成していくことで、事故調査情報や廃炉情報の公開に関するお互いの理解や納得を醸成することが必要である。

想定外と安全神話はなぜ生まれるのか

ロシアの文豪レフ・トルストイは、『アンナ・カレーニナ』の冒頭に「幸せな家庭はどれもみな似ているが、不幸な家族にはそれぞれの不幸な形がある」（望月哲男訳、光文社文庫）という有名な文章を記した。その後、トルストイの記述は「幸福の形はいつも同じだが、不幸の形はそれぞれ違う」という格言として使用されるようになった。災害や復興も一つひとつが特殊性と個別性を強く持ち、一様に論じることはできない。

しかし、災害対策や復興政策に「失敗」した社会には共通した要因が存在している。この共通要因を、本書は災害対策における想定外と安全神話だと考える。

起こりうる災害や事故を科学的に予測し、被害を予測することが災害対策の基本である。しかし、災害予測や被害予測は本質的に不確実である。たとえ不確実であったとしても、予測は災害対策にとって必要不可欠である。

問題は、この科学的予測の不確実性が、災害対策の形成や実施プロセスのなかで、いつのまにか「確実なもの」として取り扱われるようになり、確実な予測に基づく想定内の災害や事故に対応すれば安全や安心が担保されると理解されるようになることである。

このとき、科学的予測に基づき想定内においてだけ安全対策をすれば、事故は起きないと思い込む安全神話が誕生する。いったん安全神話が誕生し、それが社会に流布すると、安全神話は科学的予測や想定の持つ不確実性を無視するように作用する。さらに、安全神話は想定外のことを考慮する可能性や必要性を拒否するように作用する。

こうして防災サイクルにおいて、想定外と安全神話という車の両輪が強力に機能することとなる。そこに予測を超えた想定外の大規模災害や想定を超えた事態が襲うと、安全神話は一瞬のうちに打ち砕かれる。災害対策は「失敗」に導かれ、「想定を超えた災害や被害」に対する復興の準備や経験や知恵や覚悟は乏しく、想定外の災害と被害に対する復興そのものが新たな復興災害を招くことになる。

本書は、こうした想定外や安全神話がどのように生まれ、どのように機能するのかを考え、どうすれば想定外の罠に陥らないようにできるのか、どうすれば安全神話から醒めることができるのかを論じる。

2　2011年3月12日と22年2月24日の想定外と安全神話

2011年3月12日の想定外と安全神話

本書を編集した背景について、個人的な経験と想いを書かせていただきたい。

2011年3月11日、筆者は廃棄物問題の調査研究のためインド洋の島国スリランカに滞在していた。調査団で訪問した中部州ガンポラ町役場の待合室のテレビで、ＢＢＣ国際放送が伝える東日本大震災による真っ黒な大津波が仙台平野を舐めるように流れる映像をみた。その翌日の3月12日の夜は、宿泊先のキャンディ市のホテルのテレビで、ＢＢＣ国際放送が何度も何度も繰り返し流す福島第一原子力発電所1号機の爆発映像をずっと見続けた。

祖国が大きな災厄に襲われていることを遠い異国の地でみることは、「ここにいてよいのか」「早く祖国に戻らなければ」という強い焦燥感を感じさせるものであった。しかし、こうした焦燥感にもまして、福島第一原子力発電所1号機の爆発映像は、筆者にとって大変大きな衝撃であった。

環境経済・政策学を専門とする筆者は、長らく大学で持続可能な社会や気候変動政策について講義をしてきた。気候変動政策としては、すぐには再生可能エネルギーへ転換できないので、原子力発電も安全性に配慮して活用すべきということを学生たちに話してきた。しかし、原子力発電の賛否をめぐるイデオロギー的対立が嫌で、筆者自身は原子力発電について正面から研究することを避けていた。社会科学者として、原子力発電に正面から向き合わないまま、ずいぶんと無責任な講義を続けてきたという自責の念が強かった。

1979年3月のスリーマイル島原発2号機事故や86年4月のチェルノブイリ原発4号機事故の経緯や影響の一応のことは理解し、日本でも原発事故の可能性があることはわかっているつもりであった。しかし、まさか日本の原子力発電所で爆発事故が起き、大量の放射性物質の放出による広域汚染が発生し、何万人もの人々が長期避難を余儀なくされるような深刻な原子力災害が発生するとは考えていなかった。社会科学者である筆者自身が、原子力発電所の事故に関する想定外という罠にはまり、安全神話にとらわれていた。

筆者の勤務する早稲田大学は、２０１１年3月末の卒業式も4月の入学式や新学期の講義もすべて中止となった。混乱のなか、スリランカから帰国した筆者は、福島原発事故や原子力災害に関する総合的研究を行うことを決意し、学内外のさまざまな研究者を集めて学際研究グループを組織した。爾来、福島第一原子力発電所の廃炉事業や福島復興政策に関する研究をライフワークとして続けてきた。

この11年間の自分の研究を振り返ると、災害や事故をめぐる科学と政治と社会の関係性について考え、想定外や安全神話がどのように誕生するのか、逆に、それらがどのような影響を科学と政治と社会に与えるのかを考え続けてきたように思う。

災害リスクや科学技術リスクを制御する政策の形成にとって、科学的予測によるリスク評価は不可欠である。しかし、自然災害や原発事故の科学的予測には本質的に不確実性が存在することもわかっている。

首都直下型地震や南海トラフ地震などの大規模地震が30年以内に発生する確率や、二酸化炭素などの温室効果ガス（greenhouse gas：ＧＨＧ）の増加による気候変動が21世紀末の地球平均気温をどの程度上昇させるのかという予測は、使用するモデルや投入するパラメーター（変数）によって結果が異なる。今後30年間における首都直下型地震の発生確率が70％であるとか、産業革命以降の大気中の二酸化炭素濃度が2倍になったとき、21世紀末の地球平均気温は3℃上昇するといった一義的で確実な結果は、科学的予測からは得られない。

さらに、災害や事故による被害の社会的メカニズムには、社会の脆弱性や社会の災害に対する抵抗力としてのレジリエンス能力も含め、多様な要因が複雑に絡み合う。発災と被害の因果関係は、複雑性と曖昧性に色濃く覆われている。こうした科学的予測の不確実性や発災と被害の複雑かつ曖昧な因果関係について、科学と政治と社会はお互いがお互いを理解しようとする真摯な対話を行い、相互に深く学ぶことが必要である。不確実性を内包する科学的予測や複雑で曖昧な被害の因果関係を踏まえ、科学と政治と社会が協働し、想定外の罠に陥ることなく、安全神話にとらわれることを未然に回避することが重要である。

当然ながら、科学と政治と社会の協働関係を形成することはとても難しく、科学も政治も社会もそれぞれが抱える自己変革への障壁はとても高く硬い。この11年間、日本の社会科学者として、こうした障壁を乗り越えるための「対話の場」や「学びの場」づくりの研究と実践を続けてきた、つもりであった。

２０２２年２月24日とＶＵＣＡな時代

しかし、２０２２年２月24日に起きたロシアによるウクライナ侵略は、福島原発事故とは性格は大きく異なるものの、社会科学者として、また一人の市民として再び大きな衝撃であった。21世紀の地球社会において侵略戦争が公然と行われ、多くの無辜の民間人が殺戮される国家間の戦争が起きるとは思ってもいなかった。

福島原発事故後の早稲田大学の講義では、21世紀はＶＵＣＡな時代であり、Volatility（多動性）、Uncertainty（不確実性）、Complexity（複雑性）、Ambiguity（曖昧性）を特徴とし、先行きが不透明で、将来予測が困難な時代であるという話をしてきた。ＶＵＣＡという用語は、現在では企業経営で多用されているが、もともとはアメリカ国防総省の関係者が使用したものである。２００１年９月11日のアルカイダによるニューヨーク・ワールドトレードセンターなどに対する同時多発テロ攻撃を踏まえ、その後のアメリカの軍事戦略を考えるキーワードとしてＶＵＣＡが使われた。

大学の講義では、もはや国家対国家の戦争の時代ではなく、21世紀は国家対非国家組織との戦争の時代であり、アメリカの世界戦略策定の前提となる予測が困難な時代に入ったことを特徴づける用語としてＶＵＣＡが使用されるようになったという話をしてきた。また、20世紀は「戦争の世紀」「核の世紀」といわれてきたが、21世紀は地震や火山噴火や気候変動などの「災害の世紀」と特徴づけられるといったことも、講義のなかで学生たちに話してきた。

しかし、21世紀になっても「戦争の世紀」は続き、「核の世紀」も続いていた。もちろん、戦争そのものが最悪の人為的災害であり、21世紀が「災害の世紀」であることは間違いない。だとしても、国際政治学などほとんどの社会科学の専門家は、まさか21世紀の世界で侵略戦争が起きるとは考えていなかった。まさに想定外の事態が起きた。

２０２２年9月末現在もロシアによるウクライナへの侵略戦争は続いており、地球社会がこの戦争の人類史的意味や教訓を学ぶにはまだ相当な時間を要する。しかし、想定外や安全神話が生み出す大きな社会的災厄を考えるとき、歴史の「失敗」から学ぶことの難しさを改めて強く感じる。人類社会は、産業革命以来、科学技術の進歩による社会発展を信奉してきたが、人類はそれほど賢くはなっていないのだということを思い知らされ、ある種の無力感さえ感じる。

しかし、人類社会には、本質的かつ潜在的に持続性に関する集合知と災厄に対するレジリエンス能力が備わっており、そうした集合知と社会的能力を形成する集合的営為が人類社会には可能だと信じたい。であれば、21世紀を生きるわれわれにできること、21世紀に生きるわれわれがすべきことは、歴史の「失敗」から学び、想定外や安全神話を克服する集合知や社会的能力の形成に挑戦し続けることである。

ちなみに、１８７７年の帝政ロシアとオスマン帝国（オスマントルコ）との露土戦争を聖戦と称賛し、義勇兵を鼓舞したフョードル・ドストエフスキーに対し、前節で触れたレフ・トルストイは一貫して非戦論を唱え続けた。

3　想定外と科学的予測の不確実性

想定外とは何か

想定外を作り出し、想定内でしか物事を考えないという思考様式は、想定外の災害や事故を考えることを不要とし、大きな事故や災害は起きないと思い込むという安全神話を生み出す。それでは、そもそも想定外とは何か、あるいは想定とは何だろうか。

失敗学で有名な工学者・畑村洋太郎は２０１１年７月に出版された『未曾有と想定外――東日本大震災に学ぶ』において、次のようにいっている。

「人はなにかを企画したり、計画したりといった『考えをつくる』ときは、まず自分の考える範囲を決めます。この境界を設定し、考えの枠を決めることが『想定』なのです。……考えの枠を決める『想定』は、なにかを企画したり計画するときには不可欠なものです。考える範囲の設定の仕方で枠の大きさはいくらでも変わります。ちなみにこの枠の中が『想定内』で、枠の外が『想定外』です。そのときに、考慮すべきリスク、かけられる時間、かけられる資金といったさまざまな『制約条件』によって想定は変わります」（畑村［２０１１］93～95頁）。

畑村は、想定という言葉を問題設定（課題設定）、想定内のことを考えることを問題解決（課題解決）という言葉に置き換えるとわかりやすいと述べている。当然ながら、両者で難しいのは、圧倒的に問題設定である。「問い」を立てるには、一定の与えられた「問い」に対する「答え」を得るより、はるかに高度な能力が要求される。

さらに、環境や条件の変化にあわせて想定の枠を柔軟に見直す社会的能力が必要とされる。そのため、多様な価値観に基づく多様な意見や考え方を吸収する開かれた「場」づくりが必要である。科学と政治と社会の協働を促し、多様な専門家と行政と市民との「対話の場」と同時に「学びの場」の形成が求められる。「対話の場」＝「学びの場」では、科学と政治と社会はお互いが何をリスクと考え、何に価値を置き、何を優先したいのかを真摯に議論し、お互いがお互いを理解しようと努力し、お互いに学び合うことが重要である。

柳田は、想定外として三つのケースを指摘している（柳田［２０１１］19〜20頁）。①本当に想定できなかったケース。②ある程度は想定できたが、データが不確かだったり、確率が低いとみられたため除外されたケース。③発生が予測されたが、本気で取り組むと設計が大がかりになり費用が巨大になるので、当面は起こらないだろうとの楽観論に立ち、想定の線引きをしてしまうケース。

柳田は、①のケースはきわめて少なく、大半は②か③、あるいは②と③の中間であるとしている。想定外の罠とは、想定内しか考えないという狭く硬直した思考に陥ることである。想定外とは専門家の想像力の欠如である、と柳田は結論づけている。

それでは、専門家に求められる想像力とは何か。第1は、起こりうる災害や事故を予測する能力である。設計や運用の前提条件が満たされなかった場合や、前提条件の想定ラインを超えた事象が発生した場合、どのような災害や事故が発生するのかを想像する力である。第2は、予想外の災害や事故が発生した場合、地域住民や地域社会にどのような事態が生じるのか、その被害の規模と実相についてリアルに想像しうる感性と思考力である。

想像力の欠如という問題は、専門家や科学分野だけの問題ではなく、政治・行政や市民社会においても起こりうる問題である。

柳田は想像力の回復に向け、専門家が被害者に向き合う姿勢として、乾いた冷たい「3人称の視点」ではなく、近すぎて客観性を失う「2人称の視点」でもない、被害者を理解する能力であるエンパシーも含めた「2・5人称の視点」の重要性を主張している。こうしたエンパシー能力や2・5人称の視点については、科学と政治と社会を媒介する境界知作業者が備えるべきコア能力として、本書の終章において詳しく述べる。

以下では、科学的予測の不確実性に焦点を当て、想定外や安全神話についてさらに深く考えてみたい。

科学的予測の不確実性

すでに述べたように、災害に対処するためには、災害の規模や発生確率を科学的に予測し、災害が発生したときの被害を予測することが必要である。ここでは、気候変動予測と地震動予測に焦点を当て、科学的予測の不確実性（認識論的不確実性）とは何かを考える。科学的予測の不確実性とは、個々の科学者の自然認識の違いによって予測モデルやパラメーターの選択が異なり、結果として予測結果に大きな幅が生じることである。

気候変動研究では、各種の気候モデルに基づき、温室効果ガスの増加による気温上昇予測と、気温上昇による豪雨や干ばつなどの災害リスクの予測が行われている。日本の地震動研究では、1995年の阪神・淡路大震災を契機に、過去の地震データと地震動モデルに基づき確率論的地震動予測が公表され、地震や津波などによる被害予測が行われている。気候変動予測と地震動予測の性格は、自然現象の特性、データ蓄積の程度、政策的利用目的、社会的役割などにおいて異なる。

気候変動予測は、1850年以降の二酸化炭素濃度のデータと世界平均気温などの多様な観測データの蓄積に基づいて作成された気候モデルに雲の発生などのパラメーターを投入することによって得られる気温上昇などに関する予測である。この気温上昇予測をもとに、洪水や海面上昇などの災害リスクの予測が行われる。気候変動予測の目的は、各国の指導者や市民に対し、気候変動リスクの大きさや深刻さを定量的に示し、迅速で大胆な気候変動対策の実施を促すことである。

確率論的地震動予測は、地震発生に関するモデルに基づき、30年間程度の範囲で、どこでどのような規模の地震動が発生するのかの確率を予測するものである。この確率論的地震動予測に基づき、地震や津波による被害予測が行われる。確率論的地震動予測の目的は、地域社会の防災対策の強化を促し、市民の防災意識を向上させることである。

気候変動と地震動における被害予測は、大規模な災害が発生しないように社会や市民の行動を促すことを目的としており、その意味では、京都大学防災研究所の矢守克也がいうように、被害予測は「外れる」ことが期待されている（矢守［2019］）。

しかし、被害予測の前提である気温上昇予測や確率論的地震動予測には、科学的信頼性が不可欠である。問題は、こうした予測の科学的信頼性と科学的予測が本質的に持つ不確実との関係が、科学者や専門家にも、政治家や政策担当者にも、市民にも十分に認識されていないことである。この点が、想定外と安全神話を生み出す一つの要因となっている。

地震動予測の難しさ

1995年の阪神・淡路大震災を契機に設置された地震調査研究推進本部の地震調査研究委員会は、2002年に確率論的地震動予測の前提となる地震発生の長期評価を公表した。2002年の長期評価では、東北地方太平洋沖における今後30年間に大規模な津波地震が発生する確率は20％、地震の大きさはマグニチュード8・2と予測した。

2002年の長期評価公表の前に、福島第一原子力発電所の想定津波の高さは5・7mとされていたが、長期評価の不確実性を理由に、想定津波の高さの見直しはされなかった。ここでは、地震動予測の不確実性や信頼性への疑念が、想定津波の高さの見直しをしない理由として使われ、想定外と安全神話が生み出された。

貞観11（869）年の貞観地震よる仙台平野の津波堆積物の調査結果が1990年に発表された。その後、2005年からは東北地方太平洋沿岸における津波堆積物調査が組織的に進められ、長期評価の改定の必要性が議論されていたが、間に合わなかった。2011年3月11日の地震はマグニチュード9・0という想定外の巨大地震であり、海抜10mの地盤に立地する福島第一原子力発電所の1号機から4号機を襲った津波の高さは、11・1mから15・5mであった。

この点について、地震学者・島崎邦彦は、雑誌『科学』2011年5月号で次のように述べている。

「日本海溝から沈み込む太平洋プレートの海底の年齢は、海底の中でも特に古いほうで1億3000万年程度とされている。よって、プレート境界の密着度は低いと考えられた。プレートが日本に近づく速度（太平洋プレートと日本を載せるプレートとの相対速度）は年間約8㎝だが、そのすべてが地震で解消されているわけではない。ずれの残りは、地震を起こさずにゆっくりずれていると考えられてきた。そして、日本海溝でM9・0の巨大地震が起こるとは考えられてこなかった。いずれも『比較沈み込み学』の、いまから思えば思いこみであった」(島崎［2011］401頁)。

こうした科学者の「思いこみ」は偶発的なものではなく、実験室での再現実験が困難な地球科学が本質的に持つ特性である。個々の科学者はそれぞれ異なる自然認識を持ち、こうした科学者の自然認識の幅が科学的予測の認識論的不確実性を生み出す。

たとえば、政府の地震調査研究推進本部・地震調査委員会は、南海トラフにおけるマグニチュード8クラスからマグニチュード9クラスの地震の30年以内の発生確率(2021年1月1日算定基準日)は70%から80%としている。この点について防災科学技術研究所の藤原広行は、専門家の確率予測結果は6%から80%という大きな幅があるなかで、地震対策推進という政策的意図もあり、最大値の70%から80%が採用されたと述べている(藤原［2022］。地震動予測については第1章末のコラム①も参照)。

地震学者の鈴木舞と纐纈一起は「過去に基づく未来予測の課題」を論じ、未来予測のモデルは過去のデータに基づき作成されるもので、予測モデルは過去のデータの性格に大きく依存するとしている。とくに、確率論的地震動予測では大規模地震がきわめて稀なため、データ蓄積が著しく遅く、乏しいデータに基づき地震動モデルを作成せざるをえないことを語っている(鈴木・纐纈［201

9］177頁)。

限られたデータをどのように解釈し、どのようなモデルを形成するのかは、個々の科学者の自然認識に依拠する。当然、科学的予測の結果には大きな幅があり、これが科学的予測の認識論的不確実性である。

気候変動予測の不確実性

気候モデルによる21世紀末の世界平均気温予測の不確実性についてもみておきたい。

たとえば、ＩＰＣＣ（気候変動に関する政府間パネル）が２０２１年8月に公表した第6次影響評価報告書（ＡＲ６・ＷＧ1報告書・政策策定者向け要約）は、以下のように述べている。

「１８５０～１９００年と比べた２０８１～２１００年の世界平均気温は、本報告書で考慮したＧＨＧ（筆者注：温室効果ガス）排出が非常に少ないシナリオ（SSP1-1.9）では１・０～１・８℃、ＧＨＧ排出が中程度のシナリオ（SSP2-4.5）では２・１～３・５℃、ＧＨＧ排出が非常に多いシナリオ（SSP5-8.5）では３・３～５・７℃高くなる可能性が非常に高い」（IPCC［2021］pp. 24-25)。

温室効果ガス（ＧＨＧ）排出のシナリオが異なれば二酸化炭素濃度の予想シナリオが異なり、当然、21世紀末の世界平均気温予測も異なる。しかし、同じシナリオにおいても、１・７倍から１・

8倍という大きな予測結果の幅が存在する。

この点について、国立環境研究所の小倉和夫は次のような説明をしている。

「(筆者注：雲などの）パラメータ化は観測データや理論的な考察から構築された数式であり、物理法則とは違い不確実性が含まれます。つまり複数の異なる数式が提案されており、どの数式を採用するかはモデル開発者の判断次第ということです。また、数式には様々な係数が含まれており、その値は多くの場合不確定です。従って係数にどの値を割り当てるかもモデル開発者の判断次第です。パラメータ化の数式や係数の値を変更してシミュレーションを行えば、変更前と比べて異なる結果が得られます。冒頭で述べたような気候予測の不確実性（数値の幅）は、多くがここから生じているのです。数式が変わることで生じる不確実性を、気候モデルの構造が変わるという意味で『構造不確実性』と呼びます。一方、係数の値が変わることで生じる不確実性は『パラメータ不確実性』と呼んで区別します」（小倉［2015］）。

気候変動予測の不確実性は、科学者によるモデル選択と係数選択によって生じており、予測の幅は1・7倍から1・8倍と大きなものである。もちろん、科学者は、放射強制力の不確実性やフィードバックの不確実性が生じる物理的メカニズムを研究し、気候モデルを改良する努力を続け、気候変動予測の不確実性の理解と低減、ひいては温暖化の影響評価における信頼性の向上を目指している。

しかし、気象学者の吉森正和がいうように、不確実性の幅は観測データでしか制約できないし、観測データが蓄積されても不確実性を完全になくすことはできない（吉森［２０１５］）。

科学技術社会学者の福島真人は『予測がつくる社会――「科学の言葉」の使われ方』において、以下のように述べている。

「所詮、予測は予測、現実そのものではない。しかし予測を語ることは、その語るという行為によって、その現実の一部を構成する力が発生するという恐ろしさも同時に理解する必要がある」（福島［２０１９］22頁）。

科学的予測の不確実性の社会的意味や作用が、科学と政治と社会のそれぞれにおいて十分に理解されないまま、予測が一人歩きを始めると、想定外という罠を生み出し、安全神話を誕生させる。いったん生み出された想定外と安全神話は、科学と政治と社会に不都合な現実をみないようにさせ、異なる立場の考え方や意見を無視するように作用する。

4　トランス・サイエンス的課題としての災害対策

科学的予測の不確実性は、ともすると予測に基づく想定外と安全神話を誕生させ、やがて科学と政治と社会は想定外という罠に陥り、安全神話にとらわれ、災害に対する想像力を衰退させる。こうした構造から脱却するには、災害や防災に対する「問い」の立て方を深くよく考えることが必要である。

災害の科学的予測は必要であり不可欠であるが、科学は万能ではない。科学的予測には不確実性が本質的にあり、予測結果には幅がある。むしろ、幅がある予測結果が科学的信頼を担保するともいえる。

災害対策という社会課題に対する科学の立ち位置の「問い」を立てるとき、アメリカの高名な核物理学者アルヴィン・ワインバーグが１９７２年に提起したトランス・サイエンスの「問い」が想起される。

広島・長崎に投下された原子爆弾を開発したマンハッタン計画にも参加したワインバーグは、１９７２年、社会科学の総合学術誌『ミネルヴァ』に「トランス・サイエンス」と題する論文を発表した。低線量被曝の健康被害や原子力発電所の過酷事故を事例とし、こうした社会課題は「科学によって問うことができるが、科学によって答えることはできない」とした。同じ論文のなかで、ワインバーグは、「科学者は、どこまでが科学の領域で、どこからは科学を超えたトランス・サイエンスの領域であるのかを明確に認識しなければならない」とも述べている（Weinberg［1972］）。

ワインバーグは、科学技術の発展によって社会課題が解決されるという「科学の共和国」（マイケル・ポラニーの言葉）の時代は終わり、科学によって課題を研究することは必要だが、科学だけで課題の解決策を導き出すことはできない時代に変わってきたことを明確にした。

ワインバーグは、明らかに科学の限界を語っているが、それは科学の力に対する否定的な評価ではない。むしろ、科学の立ち位置を、政治や社会との緊張関係のなかで決めることで、科学の力を適切に行使しうる空間を明確に設定したのである。

ワインバーグの提起したトランス・サイエンス的課題は、第5章で議論するホルスト・リッテルとメルヴィン・ウェバーが1973年に提起した「厄介な問題」と同じ性格の問題である。しかし、トランス・サイエンス的課題は、原子力発電所の過酷事故リスクや低線量被曝リスクという科学技術リスクを念頭に、科学的予測の不確実性に焦点を当てている。これに対し、「厄介な問題」は都市計画や交通計画といった行政計画を対象に、社会の価値観の多様化によって、いわゆるunknown unknowns（何が問題なのかがわからない、最適解のない問題）という状況に焦点を当てたものである。

さて、それではトランス・サイエンス的課題としての災害にどのように対応すればよいのだろうか。そのためは、災害や被害の科学的予測の不確実性を踏まえ、科学と政治と社会が協働することである。科学と政治と社会が、お互いに相手を理解しようとする真摯な「対話の場」を形成し、お互いが何を本当に知りたいのか、何がリスクなのかを、お互いに学び合う「学びの場」を形成していくことで、災害対策の新たなアプローチの発見というパラダイム・シフトが可能となる。

もちろん、イギリスの科学社会学者ハリー・コリンズが批判するように、市民の参加を増やし、対話をすれば良い解決策が得られるといった単純なものではない（Colins and Evans［2002］）。科学と政治と社会がどのように協働し、どのような「対話の場」と「学びの場」を、どのように形成することで、異論はあったとしても、お互いに納得しうる有効な災害対策を導き出すことができるのかが問われている。

挑戦は始まったばかりである。

諦めるには早すぎる。

いざ挑戦の旅へともに出発しよう。

参考文献

小倉和夫［2015］「気候予測の不確実性をより良く理解する」『国環研ニュース』第33巻第6号（https://www.nies.go.jp/kanko/news/33/33-6/33-6-05.html　2022年8月31日閲覧）。

島崎邦彦［2011］「超巨大地震、貞観地震と長期評価」『科学』2011年5月号、397～402頁。

鈴木舞・纐纈一起［2019］「過去に基づく未来予測の課題――確率論的地震動予測地図」山口富子・福島真人編『予測がつくる社会――「科学の言葉」の使われ方』東京大学出版会、所収。

畑村洋太郎［2011］『未曾有と想定外――東日本大震災に学ぶ』講談社。

福島真人［2019］「過去を想像する／未来を創造する」山口富子・福島真人編『予測がつくる社会――「科学の言葉」

の使われ方』東京大学出版会、所収。
藤原広行［２０２２］「東日本大地震の教訓を踏まえた地震動研究の現状」『第19回１Ｆ廃炉の先研究会・講演』２０２２年５月27日、早稲田大学オンライン開催。
松岡俊二［２０２０］「ポスト・トランス・サイエンスの時代における専門家と市民――境界知作業者、記録と集合的記憶、歴史の教訓」『環境情報科学』第49巻第３号、７～16頁。
松岡俊二［２０２２］「スリーマイル・アイランド原発２号機の廃炉事業と１Ｆ廃炉の将来像を考える」『アジア太平洋討究（早稲田大学アジア太平洋研究センター）』第44巻、77～１００頁。
柳田邦男［２０１１］『「想定外」の罠――大震災と原発』文藝春秋。
矢守克也［２０１９］「防災における『予測』の不思議なふるまい」山口富子・福島真人編『予測がつくる社会――「科学の言葉」の使われ方』東京大学出版会、83～１１０頁。
吉森正和［２０１５］「気候感度の不確実性と地球温暖化予測」日本気象学会２０１３年度春季シンポジウム「変化する地球環境と気象学の役割」『天気』第62巻第４号、27～32頁。
Collins, H. M. and R. Evans［2002］“The third wave of science studies: Studies of expertise and experience,” *Social Studies of Science*, 32 (2), pp. 235–296.
EM-DAT：The International Disasters Database（https://www.emdat.be　２０２２年８月31日閲覧）.
IPCC［2021］Climate Change 2021: The Physical Science Basis, Summary for Policymakers.
Polanyi, M.［1962］“The Republic of Science: Its Political and Economic Theory,” *Minerva*, 1 (1), pp. 54–73.
Rittel, H. W. and M. M. Webber［1973］“Dilemmas in a General Theory of Planning,” *Policy Sciences*, 4, pp. 155–169.
Weinberg, A. M.［1972］“Science and Trans-Science,” *Minerva*, 10 (2), pp. 209–222.

第Ⅰ部

教訓を過去から引き出す

第1章　地震・津波災害
――東日本大震災における「想定外」

［阪本真由美］

はじめに

2011年3月11日の東北地方太平洋沖地震とそれによる津波（東日本大震災）は、死者1万9759人、行方不明者2553人（消防庁による。2022年3月1日時点）という大規模な人的被害をもたらした。被害を受けた東北地方の太平洋沿岸地域は、過去にも繰り返し地震・津波による被害を受けてきた地域である。地域には過去の津波のことを伝える碑が多数あり、津波に対する危機意識は高く、防潮堤の整備、ハザードマップの作成、津波予警報の整備、防災教育の推進、避難訓練などの多様な防災対策が行われていた。にもかかわらず、なぜこれほどまで大きな被害がもたらされたのであろうか。

本章は、東日本大震災後によく用いられた想定外という言葉に着目し、何が想定外として扱われたのかを検討する。想定とは『広辞苑』によると「ある一定の状況や条件を仮に想い描くこと」である。したがって、想定外とは、仮に想い描く一定の状況や条件を超えることと捉えることができる。東日本大震災において想定外という言葉が用いられた背景には、行政や市民それぞれが想い描いていた想定があったことが考えられる。そこで、行政や市民がどのような災害を想定していたのか、さらには東日本大震災が示した防災や減災をめぐる課題とは何かを考察する。

1　東日本大震災の何が想定外だったのか

東北地方太平洋沖地震翌日の新聞紙面には、次のように想定外という文字が並んだ。「想定外の激震」（『河北新報』２０１１年3月12日付）、「原発　想定外の事態」（『朝日新聞』２０１１年3月12日付）、「津波瞬時に襲来　『最悪の想定』超える」（『朝日新聞』２０１１年3月12日付夕刊）、「原発『想定外』の危機」（『読売新聞』２０１１年3月12日付）。

東日本大震災の地震・津波が想定外として扱われたことには違和感がある。なぜなら、被害を受けた三陸地方沿岸は、過去にも繰り返し大きな地震・津波による被害を受けてきた地域である。１８９６（明治29）年の三陸地震では2万人以上が、また１９３３（昭和8）年の三陸地震では３００

宮古市田老の防潮堤（長尾聡撮影）

0人以上が犠牲になっている。三陸沿岸には過去の津波被害を伝える碑や遺構が多数あり、これらの経験を踏まえた防災対策も進められていた。

たとえば、岩手県宮古市田老の防潮堤は、壊滅的な被害を受けた昭和三陸地震津波からの復興過程において建設されたものである。高さ10m、総延長2433mに及ぶ大規模防潮堤であった（写真参照）。また、釜石港の湾口防波堤は31年かけて建設され、2009年に完成した深さ63mの防波堤で、2010年には世界最大深の防波堤としてギネスブックに登録されたほどであった。政府の三陸沖を震源とする地震に対する警戒感も高く、文部科学省の地震調査研究推進本部が2003年に公表した宮城県沖地震の30年以内の発生確率は99%であった。このように、東日本大震災は必ず起こると考えられていた災害であった。

前述の報道記事において何が想定外とされていたのかを詳細にみると、以下の2点があげられる。第1に、これほど大きな地震・津波が本当に起こるとは考えられていなかった点である。報道では、気象庁職員がこのような大きな地震を想定していなかったことや、地震の専門家も岩手県沖から茨城県沖までの広範囲にわたる複数の震源域が連動する地震の発生を想定していなかったというコメントがあり、地震・津波観測を専門とする気象当事者や研究者ですら、巨大地震を想定していなかったことが強調されている。

第2に、地震・津波による被害が複合化した点である。なかでも、地震に伴う福島第一原子力発電所の非常用発電源装置の停止、緊急時炉心冷却装置が機能しなかったことなど、地震・津波に起因する原子力発電所の事故は大きく取り上げられた。

つまり、報道記事においては、地震・津波が発生することが想定外だったのではなく、地震・津波の規模の大きさや、被害の複合化が想定外として扱われていた。このことは、過去に繰り返し大きな地震・津波を経験していたにもかかわらず、大規模な被害や複合災害対策が十分ではないという課題を示している。

2　科学的知見に基づく防災体制

大規模な地震・津波や複合災害対策が難しい背景には、日本の防災体制をめぐる課題がある。日本の防災体制は、1961年に制定された災害対策基本法に基づき構築されている。災害対策基本法は、国（中央防災会議）は「防災基本計画」を策定し（災害対策基本法第34条）、都道府県防災会議は「都道府県地域防災計画」を（同第40条）、市町村防災会議は「市町村地域防災計画」を策定し（同第42条）、これらの計画に基づき対策を進めることを定めている。これらの計画は、「地震災害対策編」「津波災害対策編」「風水害対策編」「火山災害対策編」「雪害対策編」「原子力災害対策編」というように災害種（ハザード）別に策定されており、それぞれに災害予防、応急対策から復旧・復興に至る総合的な対策が記載されている。ハザード別なのは、最新の科学的知見を用いて、起こりうる災害や災害により引き起こされる被害を想定することが重視されているためである。

どのように対策が検討されているのかを、防災基本計画の「地震災害対策編」からみてみよう。そこでは「科学的知見を踏まえ、あらゆる可能性を考慮した最大クラスの地震を含め様々な地震を想定し、その想定結果や切迫性等に基づき対策を推進するものとする」と、最大クラスを含む多様な地震に基づき対策を検討することが示されている。計画策定プロセスでは、過去の被害地震や活断層等のデータを参考にさまざまな地震の可能性が検討される。そして、どこでどのような地震が想定されるのかいくつかのモデルが示され、それぞれに揺れに基づく人的被害・建物被害・ライフライン等の詳細な災害シナリオが構築され対策が検討される。

東日本大震災で大きな被害を受けた宮城県が、当時の地域防災計画において検討していた想定地震は、宮城県第三次地震被害想定に基づくものであった（宮城県防災会議［２００４］）。具体的には、次の３モデルの地震が検討された。

①宮城県沖地震（単独）、②宮城県沖地震（連動）、③長町—利府線断層帯の地震を震源とする地震。津波については次の３モデルが想定された。

①宮城県沖地震（単独）、②宮城県沖地震（連動）、③昭和三陸地震。

宮城県は、これらの地震・津波のなかから、被害が広範囲にわたり、被害量も大きいと想定された宮城県沖地震の連動型（冬の午後6時発生のケース）をモデルとして被害予測を行い、その予測に基づき災害発生後の対応を検討していた。そこでは、建物の全壊・大破棟数７５９５棟、死者数１６４名という被害に加え、避難・救援、交通・輸送、ライフライン、救出・救急・医療、住宅関連、経済影響などの事項についても詳細に被害が想定されていた。

ちなみに、津波の被害想定において、より大きな被害をもたらすと想定されたのは、③昭和三陸地震であった。昭和三陸地震については、津波の最高水位は宮城県北部ほど高く、津波が到達する時間は、県全域で30分以上であった。津波の浸水面積は、亘理町、山元町、気仙沼市が大きく、４㎢であった。津波の到達時間は、最も早い唐桑町で32分後であり、その最高水位は18・６ｍであり、歌津町では35分後、最高水位は14・４ｍであった。

東日本大震災では、宮城県石巻市で15時26分に８・６ｍ以上の津波が観測された。昭和三陸地震の被害想定に基づき対策が検討されていれば、東日本大震災の被害実態により即した想定となっていた可能性がある。もちろん、被害想定については、想定地震と実際の地震が異なる可能性があることは示されていた。

なお、東日本大震災の被害を受けて被害想定のあり方も見直され、現在は次のような地震想定に基づき被害想定が作成されることになっている。

①発生確率は低いが海溝型巨大地震に起因する高レベルの地震動、②構造物・施設等の供用期間中に数度程度発生する確率を持つ地震動、③発生確率は低いが内陸直下型地震に起因する高レベルの地震動。

このように東日本大震災がきっかけとなり、確率が低くとも被害が大きい災害についても検討されるようになっている。

なお、被害想定に基づき防災対策が進められるのは地震だけでなく、ほかのハザードも同様である。ただし、複数ハザードによる被害が発生する災害（複合災害）への対策を定めた防災計画はない。東日本大震災における福島第一原子力発電所の事故のような地震に起因する複合災害に対応する体制は、依然として脆弱なままである。

以上のように、東日本大震災発生時の防災体制は計画に基づく体制となっており、その計画はハザードごとに被害想定に基づき策定されていた。策定段階においては、最大級の地震を含むあらゆるパターンの地震が検討されるが、最終的には発生確率が高い地震が重視された。また、防災対策はハザードごとに策定され、地震や津波に起因する原子力発電所事故という複数ハザードによる被害を想定した計画はなかった。こうした要因が重なったことにより、東日本大震災は想定外として扱われたと考えられる。

3　被害想定の防災政策への適応

被害想定を可視化したハザードマップ

前述の地震被害想定がどのように防災政策に適応されていたのかを、被害予測地図（ハザードマップ）の事例から検討する。ハザードマップは、被害想定により示される災害リスクを地図上に可視化した情報である。

地震・津波防災対策の拡充を図るために、国は1998年に「地域防災計画における津波対策強化の手引き」を、また2004年には住民の避難対策や施設整備を目的とした「津波・高潮ハザードマップマニュアル」を策定した。これらの手引きやマニュアルでは、地域で防災対策を進めるための方策の一つとしてハザードマップの重要性が示されている。「津波・高潮ハザードマップマニュアル」では、ハザードマップが住民避難対策というソフト面の対策強化や、行政による防災施設整備等において重要であるとされている。また、住民避難用のハザードマップでは、住民に災害の危険度・避難場所、避難経路などの情報を提供すること、避難のためのハザードマップについては、最悪の浸水状況を想定することが示されている。

東日本大震災発生時に東北地方の市町村が策定していたハザードマップは、各県の被害想定に基づき作成されたものであった。岩手県では、2001年9月に岩手県津波避難対策検討委員会が設置され、津波防災体制について住民へのアンケートを実施し、住民の視点を反映させる形で対策の検討が進められていた。検討委員会報告では、県や市町村が「津波防災マップ」を作成しているものの、マップを知らない人が42%と多数を占めており、マップの周知が求められることが指摘されている。また、マップには過去に三陸地方を襲った津波の浸水区域が示されているだけで、陸上・海底地形や防潮堤等の海岸構造物等の影響が考慮されていないとの指摘もみられた。

これらの指摘に基づき、岩手県は2004年に詳細な地震・津波シミュレーションを行い、「岩手県地震・津波シミュレーション及び被害想定調査に関する報告書」を公表した（岩手県［2004］）。新たに公表された被害想定では、①明治三陸津波、②昭和三陸津波、③想定宮城県沖地震連動津波が比較検討された。最終的に、岩手県に被害を及ぼすおそれがあり、2020年ごろまでの発生確率が高いとされた③の想定宮城県沖地震連動津波の想定に基づき、被害予測が行われた。この調査結果は、市町村の津波避難を検討する参考資料として提示され、市町村はこの県の報告に基づき対策を検討していた。

ハザードマップにおける危険と安全

ハザードマップは複数の被害想定を前提としつつも、確度が高い情報に基づき作成される。しかし、いったんハザードマップが作成されると、それに基づきさまざまな対策が議論されることになる。その事例の一つが、岩手県釜石市鵜住居(うのすまい)防災センターの事例である。

鵜住居防災センターは、釜石市民の防災意識の向上を図るとともに、災害発生時の対策拠点として、東日本大震災前年の2010年2月1日に開設された。防災センターは、鵜住居地区中心部の比較的交通の利便性が良い場所に建てられた。ただし、そこは大槌湾から約1・2㎞内陸、鵜住居川から200m、過去に津波による浸水被害を受けた地点であった。そのため防災センターは、災害時に安全確保するための避難所(一次避難所)ではなく、被災後の長期滞在を想定した避難所(拠点避難所)として利用することになっていた。しかし、東日本大震災では、地震発生後に200名を超える市民が防災センターに避難し、屋上付近まで押し寄せた津波により、多数の人が犠牲になった。

釜石市は、東日本大震災後に防災センター設置の経緯、事前の防災体制、災害時の避難体制等のさまざまな観点から課題を検証した結果を報告書にまとめている(釜石市[2014])。報告書には、防災センター設置過程において津波への安全性について繰り返し議論が行われていたことが示されている。以下では、同報告書に基づき設置をめぐる議論をみてみる。

鵜住居防災センターは、釜石市民の要望を受け、鵜住居地区の老朽化し分散していた行政関係施設（市役所出張所、生活改善センター、公民館）を合築し、地域生活支援の拠点とするとともに、そこに消防機能を併設する目的で設置が決められた。釜石市は当初、行政関係施設に防災センターを合築する目的で財源を模索したが、財源を得ることは難しかった。また、岩手県の予算により、津波防災施設として建設する可能性も検討されたが、津波浸水想定区域外であったことから、補助金対象とはならなかった。最終的に、釜石市の防災起債により防災センターとして設置されることになった。

ただし、予算制約から津波避難を想定した建物（3階建以上）とすることは難しく、2階建の建物として建てられた。防災センターという名称ではあったが、屋上への避難階段や避難設備などの津波一次避難場所としての機能はなかった。そのため、災害時に安全確保するための避難場所（一次避難）ではなく、被災後の長期滞在を想定した避難所（拠点避難所）として利用されることとされた。一次避難先ではなかったが、利便性が高い場所に位置していたことから、防災センター開設後に行われた地域住民の避難訓練では、訓練参加率を上げるため、防災センターに参集する訓練が複数回行われていた。

鵜住居防災センター設置をめぐる議論において、政策決定の根拠として用いられていたのは、岩手県の津波浸水予測を示したハザードマップであった。釜石市は、当初より防災センター設置地点の浸水リスクを懸念し、津波避難タワーのような災害時に命を守るための避難機能を備えた建物の建設を県に打診していた。しかし、岩手県は立地場所が浸水予測区域外であることを根拠に予算対象としなかった。

この議論において、浸水予測地図は建物立地場所の危険性を確認する情報というよりは、安全を確認する情報として用いられた。防災センターが建てられた地点は、釜石市によって過去の津波の浸水域（危険な場所）とされていたにもかかわらず、最新の浸水予測地図においては浸水域外（安全な場所）と位置づけられたことで、防災センターは津波避難施設としての機能は果たせなかった。また、防災センターとして建設されたが、立地の安全性に疑問が残され、避難には不適（危険な建物）とされた。避難に不適（危険な建物）であるにもかかわらず、予算制約から最悪な津波発生時の安全性を担保する措置はとられなかった。

この事例は、ハザードマップが特定の危険を可視化した情報としてではなく、安全を判断する基準としても用いられるという課題を示している。また、ハザードマップは複数の被害想定のなかから、確度が高い想定を重視して策定されるが、ひとたびハザードマップが示されると、本来あらゆる被害想定に基づいて検討すべき対策が検討されなくなる。

東日本大震災による被害について災害社会工学研究者の片田敏孝は、想定外だったから被害を受けたわけではなく、想定が甘かったわけでもなく、想定にとらわれすぎたことを指摘している（片田［2012］）。この事例は、科学技術情報に基づく確度の高い想定にとらわれすぎ、最悪な事態への対策が十分に検討されないという課題を示している。

4 過去の被災経験にとらわれた市民

前節においては、防災政策にみられる想定をめぐる課題について述べたが、本節では市民がどのような災害を想定していたのかを検討する。

東日本大震災が起こる前の防災対策は、確度が高い想定にとらわれていたという課題はあったが、地震発生直後の行政の災害対応は速やかで、的確であった。気象庁は、地震発生から8・6秒後に「宮城県、岩手県、福島県、秋田県及び山形県で強い揺れの地震が予測される」という緊急地震速報（警報）を発表した。地震発生から3分後の14時49分には、岩手県、宮城県、福島県の沿岸に津波警報（大津波）を、北海道から九州にかけての太平洋沿岸に津波注意報を発表した。これらの情報を受け、東北地方の各市町村は避難指示を発令し、防災行政無線やサイレンを活用し、沿岸に住む人々に津波避難を呼びかけた。地震発生時刻は14時46分であったことから、目視で周辺の状況を

図1－1　地震の揺れがおさまった後の避難行動（回答数870件）

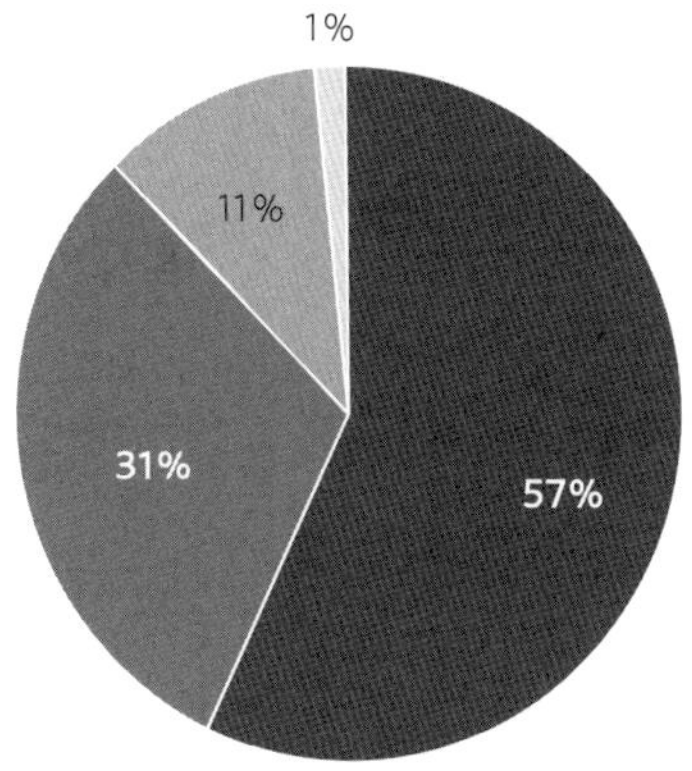

（出所）　中央防災会議東北地方太平洋沖地震を教訓とした地震・津波対策に関する専門調査会［2011］報告参考図表集。

確認して避難することが可能であった。にもかかわらず、多数の人が津波により犠牲になった。

住民の避難行動について、中央防災会議は東日本大震災後に調査を実施した。回答をみると、「揺れがおさまった直後にすぐ避難した」人が57％、「揺れがおさまった後、すぐには避難せず、なんらかの行動を終えて避難した」人が31％、「揺れがおさまった後、すぐには避難せず、なんらかの行動をしている最中に津波が迫ってきた」人が11％、「避難していない（高台など避難の必要がない場所にいた）」人が1％という回答であった（図1－1）。

地震後にすぐに避難した人の理由としては「大きな揺れから津波が来ると思ったから」という回答が最多で、48％であった。これに対し、すぐに避難しなかった人の理由としては「自宅に戻ったから」が22％、「家族を探しにいったり、迎えにいったりしたから」が21％、「過去の地震でも津波が来なかったから」が11％という順であった。

ちなみに、「揺れがおさまった後、すぐには避難せずなんらかの行動をしている最中に津波が迫ってきた」と回答した人が、理由としてあげた最多の回答は「過去の地震でも津波が来なかったから」であった。これは、避難した人の最多の回答であった「大きな揺れから津波が来ると思ったから」とは対照的であり、過去に津波が来なかったという経験にとらわれた人ほど避難しておらず、過去の経験にとらわれることなく大きな揺れから津波が来ると考えた人は直後の早い段階で避難していたことがうかがえる。

釜石市も、東日本大震災後に避難行動に関する詳細な住民調査を行っている。避難を妨げた理由をみると、過去に津波浸水がなかった、ここまで津波は来ないと思った、チリ津波の浸水実績から津波が来ないと思った、過去のハザードマップの浸水範囲や避難場所を確認していたもののハザードマップに記載されている浸水範囲から離れていたのでここまで来ないと思い込んでいたなどの記述がみられる。

これらの調査結果から、避難しなかった住民は、過去に津波がなかった、ここまで津波は来ないだろうという思い込みがあったことがわかる。過去の被災経験や自分自身の思い込みにとらわれ、災害発生直後に行政からその場の危険性を伝える情報が出されていたにもかかわらず、それらの情報に基づき判断ができなかった人が多数いた。

5　防災対策をめぐるパラダイム・シフト

東日本大震災では、行政は科学的知見に基づく確度が高い地震・津波を想定した対策にとらわれ、それを上回る被害を想定した対策が十分でなかった。また、住民も、過去に津波が来たことがないという経験にとらわれ、その場の状況に応じた判断ができなかった。こうしたことからは、行政だけでなく市民についても、想定を超える大規模な災害に対応するには脆弱であったことがわかる。

東日本大震災後に示された地震・津波防災対策は、第2節で述べたように、現在では確度は低いものの大きな被害をもたらす地震についても想定するように変化を遂げている。

たとえば、土木学会は、海岸保全施設で対応するレベルの津波（レベル1）、レベル1をはるかに上回り構造物対策の適用限界を超過するタイプの津波（レベル2）という2パターンの津波を示している。レベル2の津波の高さを精度良く確定することは現在の科学技術では限界があるが、市民の命を守るための避難計画や津波情報の伝達はレベル2の津波を想定して対策を進める必要があるとしている。

また、中央防災会議においても、発生頻度はきわめて低いものの、発生すれば甚大な被害をもたらす最大クラスの津波（レベル2）、最大クラスの津波に比べて発生頻度が高く津波高は低いものの大きな被害をもたらす津波（レベル1）というように、津波想定を2パターン示している。このうち、レベル2の津波については、避難を軸としつつも、土地利用、避難施設、防災施設などの組み合わせによる総合的な防災対策の重要性が示されている。

このように、東日本大震災まで重視されてきた確度が高い津波の被害予測（レベル1）から、最悪を想定した被害予測（レベル2）の検討へと、東日本大震災後は防災対策をめぐるパラダイムは大きく転換している。このうち、レベル2については、堤防等の構造物（ハード）整備により被害を防ぐこと（防災）は困難と捉えており、想定外の災害発生時には被害を最小化する「減災」が必要であることが示されている。このことは、これまで防災対策において重視されていたハザード別・科学的知見に基づく被害想定を基盤とする防災対策からの政策転換の重要性を示している。

それでは、今後はどのような対策が求められるのだろうか。2015年に仙台で開催された国連防災世界会議において採択された仙台防災枠組では、「ハザードへの暴露と災害に対する脆弱性を予防・削減し、応急対応及び復旧への備えを強化し、もって強靱性を強化する、統合されかつ包摂的な、経済的・構造的・法律的・社会的・健康的・文化的・教育的・環境的・技術的・政治的・制度的な施策を通じて、新たな災害リスクを防止し、既存の災害リスクを削減する」ことが目標として掲げられた。災害リスク軽減を図るための方策として、ハザードへの暴露や災害脆弱性の軽減に重点が置かれている。

ここでは、どのような地震・津波が起こりうるのかという自然現象に対する科学的予測を重視する理工学的側面よりも、どの程度の人がハザードリスクの高いエリアに住んでおり、災害時に避難が困難な脆弱な人がどの程度いるのかという人文社会学的側面が重視されている。ハザード想定を基盤とした、いわば理工学的アプローチに基づく防災対策を重視してきた従来の日本の防災対策の考え方とは根本的に異なる。

今後は、想定にとらわれない災害対策のあり方が重要になる。日本は、これまで計画に基づき防災対策を進めてきたものの、東日本大震災のように既存の計画では対応できない想定外の事象はこれからも発生する可能性がある。しかし、いったん災害が発生すると、こうした問題を解決するために既存の計画を見直す時間的な余裕はなく、その場での状況判断が求められる。計画に基づく災害対応体制は、着実に業務を進めるうえでは有効ではあるものの、想定外の事態に対応することが難しい。

このような想定外の状況への対応に着目した社会学の理論の一つが「即興」(improvisation)である。ここでいう即興とは、ジャズ、オーケストラ、劇などで、その場の状況に応じて即座に創り出される演奏をメタファーとした社会学の理論である。災害時には、事前には想定もしていない事態が相次いで発生するが、そのような状況を乗り越えるには、その場その場で利用可能な資源を活用し、柔軟に対応することができる能力が求められる。このような状況に応じた能力を持つ人材育成を行う必要がある。

また、地域や社会の脆弱性を知るには、過去に地域や社会がどのような災害に直面し対応してきたのか、実態をよく学ばなければならない。東日本大震災のような地震・津波は、歴史のなかで繰り返し発生している。物理学者の寺田寅彦は、1933年の昭和三陸地震、34年の室戸台風の後に書いた「津浪と人間」で、災害が頻繁に起こることは日本国民特有の諸相をつくりあげているが、災害記念碑を建てて警告しようとしてもいつしか忘れ去られてしまい、その碑が八重葎(やえむぐら)に埋もれるころに次の津波が襲う、と述べている（寺田［1997］）。

人の一生の期間と災害の再現期間は異なる。人が過去の災害の記憶を忘却するころに次の災害が発生するのがこれまでの歴史だとすると、今度こそは東日本大震災の被害を想定外とするのではなく、その経験やそこから得られた教訓を将来世代に伝えることにより、大規模かつ複合化する災害を想定外としない社会を構築していく必要がある。

6　想定にとらわれない社会の重要性

本章は、想定外という言葉に着目し、行政や市民がどのような災害を想定していたのかを検討した。その結果、行政については科学的知見に基づく確度が高い地震・津波という想定にとらわれ、それを上回る災害への対策が十分ではないという課題が示された。また、市民についても、過去にここまで津波が来たことがないという自分自身の経験にとらわれ、その場の状況に応じた判断ができなかった。このように、行政も市民も特定の想定にとらわれていたことが明らかになった。

そもそも想定外という言葉が用いられること自体が、想定にとらわれていることを示している。大規模災害に対応するには、想定に基づき対策を考えるのではなく、われわれが暮らす社会の実態をよく知り、その場の状況に応じ判断することができる想定外をつくらない社会の構築に向けた災害対策へ転換する必要がある。東日本大震災のような大規模災害は過去にもあったにもかかわらず、想定にとらわれたために、過去の災害の教訓が防災対策に十分に活かされなかったことを根本から見直し、理工学的アプローチのみならず、地域社会やそこに住む人の特性という人文社会学的側面も活かした防災体制を検討し、東日本大震災の経験を語り継ぎ、多様な災害に対応が可能なレジリエントな社会を構築しなければならない。

参考文献

岩手県［2004］『岩手県地震・津波シミュレーション及び被害想定調査に関する報告書（概要版）』。

岩手県津波避難対策検討委員会［２００２］『岩手県津波避難対策検討委員会報告書』。

片田敏孝［２０１２］『人が死なない防災』集英社新書（集英社）。

釜石市［２０１４］『釜石市東日本大震災検証報告書（地域編）』。

釜石市鵜住居地区防災センターにおける東日本大震災津波被災調査委員会［２０１４］『釜石市鵜住居地区防災センターにおける東日本大震災津波被災調査報告書』。

気象庁［２０１２］「平成23年（２０１１年）東北地方太平洋沖地震の概要」『気象庁技術報告』第１３３号、５～７頁。

国土庁・農林水産省構造改善局・農林水産省水産庁・運輸省・気象庁・建設省・消防庁［１９９８］『地域防災計画における津波対策強化の手引き』。

中央防災会議［２０２２］『防災基本計画』１０６頁。

中央防災会議東北地方太平洋沖地震を教訓とした地震・津波対策に関する専門調査会［２０１１］『東北地方太平洋沖地震を教訓とした地震・津波対策に関する専門調査会報告』参考図表集34～36頁。

中央防災会議防災対策推進検討会議津波避難対策検討ワーキンググループ［２０１２］「津波避難対策検討ワーキンググループ報告　参考資料集」。

寺田寅彦［１９９７］「津浪と人間」『寺田寅彦全集（第７巻）』岩波書店、２８７～２９４頁。

内閣府（防災担当）・農林水産省農村振興局・農林水産省水産庁・国土交通省河川局・国土交通省港湾局［２００４］『津波・高潮ハザードマップマニュアルの概要』。

新村出編［２０１８］『広辞苑（第７版）』岩波書店。

宮城県防災会議［２００４］『宮城県地域防災計画　震災対策編（平成16年６月改訂）』。

宮城県防災会議地震対策等専門部会［２００４］『宮城県地震被害想定調査に関する報告書』。

Moorman, C., and Miner, A. S.［1998］“Organizational Improvisation and Organizational Memory,” *The Academy of Management Review*, 23（4）, pp. 698–723.

コラム① 地震動予測と不確実性

［藤原広行］

地震の発生およびそれに伴う揺れ（地震動）の予測は、現状では数多くの不確定要素を含んでいる。現状の地震学・地震工学のレベルでは、将来発生する可能性のある地震について、地震発生の日時、場所、規模、発生する地震動について、決定論的に一つの答えを準備することは困難である。このような現状において、地震動の予測における不確実性を定量的に評価するための技術的枠組みとして有力と考えられているのが確率論的地震ハザード評価である。

確率論的地震ハザード評価とは、ある地点において将来発生する「地震動の強さ」「対象とする期間」「対象とする確率」の三つの関係を評価するものである。起こりうるすべての地震を確率・統計的にモデル化し、地点ごとに発生する地震動の強さに対する超過確率を計算する手法であり、この手法を用いた地震ハザードの評価が国の地震調査研究推進本部において進められている。

確率論的地震ハザード評価には、二つの段階がある。第1段階は、地震の発生そのものに関する予測であり、第2段階は、地震が発生したという条件のもとでの、ある地点の地震動の予測である。地震調査研究推進本部の地震調査委員会では、第1段階を長期評価部会が担当し、第2段階を強震動評価部会が担当して検討が実施されている。

さらに、地震動の予測においては、確率論的な地震ハザード評価に加えて、あるシナリオ地震を想定し、その地震が発生したときの地震動の分布を推定するための詳細な予測手法の開発も進んでおり、「震源断層を特定した地震の強震動予測手法（レシピ）」が、地震調査委員会によりまとめられている（地震調査委員会［2020］）。

地震動予測における認識論的不確実性

地震動の予測における不確実さは、自然現象そのものに起因する偶然的なばらつきと人間の側の認識不足に起因する認識論的不確実性の二つに分類される場合がある。とくに、後者の認識論的な不確実性の取り扱いは確率論的なハザード評価における大きな課題となっている。その具体例を紹介する。

地震調査委員会長期評価部会では、日本周辺で発生する可能性のある地震について、発生場所・規模に加えて発生確率を評価し公表している。これらの評価結果は、「主文」と「説明」に分けて公表されている。長期評価では、過去の地震記録などに基づき科学的な観点から将来発生する地震についての議論がなされているが、データの不足や解釈の違いにより評価結果が完全に一つにはまとまらない場合もある。「説明」には、そのような現状についての詳細な記述がなされている。一方で、主文においては、見解のとりまとめが行われ、有力とされる評価が示されている。こうした見解のとりまとめの過程で、専門家の間でも意見の分かれる事案についての情報の取捨選択が行われる。南海トラフで発生する巨大地震の地震発生確率（地震調査委員会［2013］）について、主文においては、今後30年以内での地震発生確率が最も大きくなる時間予測モデルを用いた値が採用されているのはその一例である。

なお、説明文においては、時間予測モデルのほかに五つのケースが示され、ケースごとに地震発生確率が計算されている。しかし、説明文において示された五つのケースについては、一般的な報道などでは取り上げられることがほとんどなく、主文で示された一つの値のみが独り歩きしているのが現状である。一見合理的とも思える意思決定プロセスであるが、専門家のレベルで存在する認識論的な不確実性に関する情報が欠落してしまう要因にもなっている。

同様の問題が、相模トラフで発生するマグニチュード8クラスの地震の評価（地震調査委員会［2014］）でも起きている。相模トラフで発生するマグニチュード8クラスの地震の発生確率については、地震の繰り返し周期を考慮した計算が行われ、主文においては、今後30年以内での発生確率がほぼ0～5％と幅をもって表現されている。説明文においては、地震がランダムに発生すると仮定した場合には10％程度になることなども記述されているが、主文における幅のある値に対する代表値として全国地震動予測地図作成においては、繰り返し間隔の中央値を用いて計算した値0・7％が採用されている。結果として、相模トラフで発生するマグニチュード8クラスの地震に対しては、今後30年以内の発生確率は幅のある評価のなかで、小さめの値が採用されていることがわかる。

特定のシナリオに基づいて地震が発生したという条件のもとでの地面の揺れの分布を推定する強震動評価においても、自然現象そのものに起因する偶然的ばらつきや人間の側の認識不足に起因する認識論的不確実性が存在する。ばらつきや不確実性の定量的な評価に関しては研究途上の部分が多く、地震調査委員会強震動評価部会でまとめられている「震源断層を特定した地震の強震動予測手法（「レシピ」）」においても、平均的な地震動の予測手順についての具体的な記述にとどまっており、偶然的ばらつきや認識論的不確実性の評価方法については、それらを評価することの必要性については認識されているものの、具体的な評価手順の検討については今後の課題とされている。強震動評価における認識論的不確実性の軽減に向けて、観測データの統一的なデータベース構築などの提案もなされている。

認識論的不確実性の克服に向けた取り組みの事例

地震ハザード評価における認識論的不確実性の克服は重要な課題として認識されており、各国で検討が進められている。アメリカにおいては、SSHAC（Senior Seismic Hazard Analysis Committee）と呼ばれる委員会がアメリカ原子力規制委員会の下に設置され、確率論的な地震動評価で必要になる認識論的不確実性について検討が行われている。それら検討結果に基づき、SSHACガイドライン（NUREG-2117）が制定され、専門家コミュニティにおける意見分布を合理的・客観的に再現するための方法論がまとめられている。

SSHACガイドラインでは、対象とする設備の重要度や不確かさの程度に応じて四つのレベルが設定されているが、とくに実効性が高いとされ世界的に検討が進んでいるSSHACレベル3ガイドラインによる議論の進め方の特徴は、①認識論的な不確実性に関し、学術界・技術界における意見の全体像を、意見の中央値・分布・範囲を示すことにより偏りなく提示する、②テクニカル・インテグレイターチームの入念な直接討議により、科学的・技術的に正当性のある見解を提示する、③公開ワークショップにより、プロジェクトの進捗内容を説明し、かつ外部の専門家の意見を最大限に吸収してプロジェクトの討議に反映することとされている。

日本では、2006年に耐震設計審査指針改定において残余のリスクの概念が導入され、日本原子力学会から確率論的リスク評価に関する実施基準が公表されているが、必ずしもこれらの考え方によりリスクを定量化するところまでには至っていなかった。福島第一原子力発電所事故を契機として、原子力発電所のさらなる安全性向上の観点から、地震・津波をはじめとした低頻度の外的事象によるリスクを低減していくことが必要であり、確率論的リスク評価とその結果に基づくリスク情報を活用した意思決定の定着が課題であることが再認識された。こうした背景のもと、四国電力株式会社と電力中央研究所原子力リスク研究センターによる伊方発電所3号機の安全性向上に向けた自主的な取り組みとして、日本では最初のSSHACレベル3ガイドラインに基づく確率論的地震ハザード評価が実施されている（亀田ほか［2020］）。

不確実さを内包した専門知の活用の課題

地震対策に関する意思決定では、シナリオ型の評価に基づいた手法が採用されている場合が多い。この場合、地震対策を立案するためには、適切な地震シナリオを想定し具体的な被害想定を行うことが必要となる。リスク管理を行う主体にとっては、適切な地震シナリオの設定とそれに対する定量的なリスク評価が重要となる。これらのプロセスにおいては、リスク管理の主体がその目的に応じて、ばらつきや認識論的不確実性を伴うハザード情報を適切に解釈し、自らの責任で線引きや情報の取捨選択を行うことが必要となる。リスク管理のレベルに応じて、注目すべきばらつきの程度や認識論的不確実性の扱いが異なる可能性があるためである。

しかし現実問題としては、リスク管理者が不確実性を内包する専門的なハザード情報を適切に解釈することは困難な場合が多い。低頻度巨大災害に関するハザード評価は、専門知として体系化され確立された方法論で分析できる対象とは程遠いのが現状である。巨大災害を引き起こすごく稀な自然現象の多くは、専門家のなかでも解釈に違いがあり意見が対立するなど体系的な整備が完了していない研究途上の不確実性を内包する専門知をさらに外挿することで初めて捉えられるような対象である。このような状況下では、個別事象への対処方法に関して専門家の意見が対立することも多数生じうる。

不確実性を内包する専門知は「わかりにくい」情報である。このため、リスク管理に必要な判断を、専門知に精通した特定分野の専門家に委ねる傾向が強い。しかし、それらは専門家にとっても共通の理解には達していない研究途上のものである。この「わかりにくさ」を社会全体で共有し、課題解決に向けて多様な観点からの議論を踏まえた合意形成を実現するための仕組みづくりが重要である。

参考文献

亀田弘行・隈元崇・藤原広行・奥村晃史・佃栄吉・堤英明・堤浩之・遠田晋次・徳山英一・蛯沢勝三・香川敬生・司宏俊・古村孝志・三宅弘恵・森川信之・奥村俊彦・宮腰淳一［2020］「伊方SSHACプロジェクト最終報告書」。

地震調査委員会［2013］「南海トラフの地震活動の長期評価（第2版）」。

地震調査委員会［2014］「相模トラフ沿いの地震活動の長期評価（第2版）」。

地震調査委員会［2020］「震源断層を特定した地震の強震動予測手法（「レシピ」）」。

第2章　原子力災害
——福島原発事故と安全神話

［寿楽浩太］

はじめに

2011年3月11日の東日本大震災を契機として福島原発事故が起こった。安全だといわれてきた日本の原子力発電所は、万一の事故への備えが十分にされていなかったことが明らかになった。

われわれは、日本の原子力発電所は多重の安全設計によって重大事故を起こさないようになっていると繰り返し聞かされていた。アメリカや旧ソ連邦で深刻な原発事故が発生したときも、原子力専門家がもっともらしい理由をあげて、そうした重大事故は日本では起こらない性質のものであることを力説し、あるいは事故の教訓を活かした対策を日本の原子力発電所ではすでに実施していることを説明していた。

もちろん、疑問や批判の声は多くあった。アメリカや旧ソ連邦の原発事故の後にはそうした声はいっそう大きくなった。しかし、原発の安全に対する「華やかな論争」は、万一の重大事故を現実味のあるものとして社会が備えをするには十分に役立たなかった。

福島原発事故では「破られない」といわれてきた多重の安全対策がことごとく破られ、原発敷地外の広い範囲に長期に及ぶ放射性物質汚染が発生した。「起こさない」ことになっていたはずの忌むべき事態の発生であった。

なぜ、事故が起きてしまった後に誰もが痛感した重大事故への備えが、事故前には持ち越され続けたのか。結果として、取り返しのつかない事態を現実のものとしたのか。本章は、福島原発事故の前に多くの市民に共有され、信じられてきた安全神話が果たした役割を検証することで、今後の原子力災害への教訓を明らかにする。

1 原発事故への備えはなぜ不十分だったのか

深層防護の徹底と不徹底

原子力発電所では、原子炉から発電所敷地の外に至るさまざまなレベルで、異なる方法による安全策（防護）を多重に講じることが、国際機関や各国の原子力規制当局によって明確にされていた。

表2－1　IAEAの深層防護の防護レベル

	防護レベル	目的	目的達成に不可欠な手段
プラントの当初設計	レベル1	異常運転や故障の防止	保守的設計及び建設・運転における高い品質
	レベル2	異常運転の制御及び故障の検知	制御，制限及び防護系，並びにその他のサーベランス特性
	レベル3	設計基準内への事故の制御	工学的安全施設及び事故時手順
設計基準外	レベル4	事故の進展防止及びシビアアクシデントの影響緩和を含む，過酷なプラント状態の制御	補完的手段及び格納容器の防護を含めたアクシデントマネジメント
緊急時計画	レベル5	放射性物質の大規模な放出による放射線影響の緩和	サイト外の緊急時対応

（出所）　日本原子力学会標準委員会［2014］。

深層防護といわれるものである。福島原発事故が発生したとき、国際原子力機関（IAEA）が示していた原子力発電所の深層防護は五つの層から構成されていた（表2－1）。

しかし、福島原発事故以前の日本では、国の安全規制は第3層（レベル3）までが対象であった。これが原発事故を「起こさない」ことにとくに力点を置いた日本の原子力安全の考え方であった。

確かに、福島原発事故の前は、日本の原子力発電所は、他国の原子力発電所に比べてトラブルや事故の発生率が低く、優秀だとされていた。たとえば、1980年代のアメリカでは原子力発電所がトラブル続きで十分に安定稼働ができず、

「なぜ日本の原子力発電所のような運転実績を残せないのか」という言い方がされていた（Rees [1994]）。こうしたことは、福島原発事故前の日本の原子力発電所は深層防護の第3層までの範囲でうまく機能していたことをうかがわせる。

しかし、福島原発事故は日本の原子力発電所の深層防護の第4層（レベル4）以降は著しく備えが不徹底であったことをみせつけた。つまり、重大事故を未然に防止できなかった場合、あるいは敷地外部に被害を及ぼさない範囲の事故で収められなかった場合にどうするかが手薄なままであったことを、市民は思い知ることになった。この点が原子力発電所の安全神話の核心である。

安全神話の核心

一般にいわれる安全神話は、原子力発電所は重大事故を起こさないという思い込みといった意味で使われている。本当はどんな科学技術にもリスクがあり、大事故が起こる可能性はゼロではない。重大事故への備えをしておかなければならないのに、それを直視することにはさまざまな政治・経済・社会的な不都合があるので、あえて目を背けてしまう。幸か不幸か、それまでの努力によって重大事故を防ぐことが長い期間できていたので、なおのことこの傾向が強まった。いつしかそれが真理であるかのように、科学も政治も社会も思い込んでしまった。つまり、原発の重大事故は「起きない」ことにしてしまったのだ。

より解像度を上げてみると、深層防護の第3層までで事故をくい止めて、第4層、ましてや第5層の防護に頼るような事態は起こさないという安全の考え方にこそ、安全神話の淵源がある。すなわち、原子力発電所の敷地外の周辺環境や地域社会に重大な悪影響を及ぼす重大事故の発生は排除するという目標を極限まで追求するという前提で、日本の原発立地はなされた。ある意味では、これは工学の分野でいうところの安全目標、つまり、最終的にどのレベルの安全を目指して努力を重ねるのかという安全のシンボルとしての性質を持っていた。

しかし、事故を「起こさない」ことを目指すはずの安全目標は、容易に「事故は起きないし、起こりえない」という安全神話へと転じた。それは原子力発電推進側にとって好都合だったことはいうまでもないが、地方自治体や政治家やさまざまなステークホルダーにとってもかりそめの安心をもたらすものだったといえるだろう。

安全神話を打破することの難しさ

福島原発事故を経た今日では、重大事故がまったく起きないということはありえないし、それが欺瞞であることは最初から自明だ、と誰もがいう。しかし、地域社会や国全体、あるいは世界的に取り返しのつかない被害をもたらす原発事故が現実に起きうるというリアルな前提で、社会が科学技術のリスクを引き受けることは本当にあるだろうか。原子力発電所は重大事故を起こして周辺環境を汚染するものだ、それが当たり前だという認識が共有されていたなら、そもそも原子力発電所の存在は社会的に許容されなかったであろう。

不見識や欺瞞ばかりが安全神話を生むのではなく、常識的な判断や通念的な受け止めが安全神話を育て維持する。上記の重大事故に対するリアルな前提を喚起しようとする批判者は、むしろ極端な意見とみなされ、広く支持されることはなかった。原子力発電所の安全性をめぐる論争があることで、批判論者の監視があれば大丈夫であろう、という油断が生じ、大多数の人々は関心を失ってしまっていたのではないか（武田［2011］）。

もちろん、専門家、ジャーナリスト、政治家など、原子力発電所をめぐる議論のイニシアティブをとるべき人々こそが、こうした傾向を戒め、社会の幅広い判断を求め、リスクの大きい技術の存在の暫定性に注意喚起をすべきであったことはいうまでもない。

たとえば、科学技術に関する社会学の過去の研究を紐解けば、巨大で複雑な科学技術における重大事故発生の不可避性を説き、万一の事故の場合の帰結が極端に破局的である技術は、代替技術がある場合には利用を断念せざるをえないという主張が、アメリカの組織社会学者チャールズ・ペローによって定常事故論として説かれたのは1984年である（Perrow［1984］）。

1985年には、日本で日航ジャンボ機墜落事故が発生し、86年に入ると、アメリカのスペースシャトル・チャレンジャー号事故（1月）と旧ソ連邦のチェルノブイリ原発事故（4月）が立て続けに発生した。いずれの事故も、当時から安全神話の崩壊として受け止められていたはずであった。

チェルノブイリ原発事故の直後には、科学技術リスクに関する社会学の研究基礎として著名なウルリヒ・ベックのリスク社会論が提起された（ドイツ語原著の出版は1986年、邦訳はベック［1998］）。ベックは、ペローの議論と同様に、科学技術リスクは技術発展によって解消されるとは考えなかった。むしろ、人々はますます多様で厄介な、増え続けるリスクと向き合い続けることになるという見方がはっきりと示された。安全神話にすがって科学技術の利用を進めることなど、今からみれば、20世紀後半の時点ですでにナンセンスとなっていたようにも思える。なぜ、われわれはそれから四半世紀ほどを経た2011年に、爆発する原子力発電所の姿をみるまで安全神話から脱却できなかったのだろうか。

2　新たな神話の出現——福島原発事故後のリスク神話

安全神話との決別の試み

過去の学術的議論を引き合いに出して難しい話をしなくとも、福島原発事故を目のあたりにしたことによって安全神話は完全に打ち破られ、再びその轍を踏むことはないという見方をする人もいるかもしれない。

たとえば、福島原発事故を受けて誕生した原子力規制委員会は、原子力発電所の安全性を審査する新たな規制基準を2013年に定めた。この基準は新規制基準と呼ばれ、同委員会によれば、福島原発事故の反省や国内外からの指摘を踏まえて策定された。福島原発事故の前は、原子力発電所を推進する経済産業省のもとに原子力規制当局（保安院）があったことが強い批判を受け、原子力規制委員会は独立機関（3条委員会）として設けられた。原子力規制委員会は、そもそも安全基準とか安全審査といった用語そのものを排除し、安全神話との決別を宣言した。

確かに、原子力規制委員会は、地震や津波等の大規模な自然災害対策が不十分であり、また重大事故対策が規制対象となっていなかったため、十分な対策がなされてこなかったことを改めた。また、新しく基準を策定しても、既設の原子力施設にさかのぼって適用する法律上の仕組みがなかったことを改め、これを課すバックフィット規制を導入した。実際、福島原発事故の際に問題になった自然災害対策は、テロ対策などとあわせて大幅に強化された。

また、原子力専門家の論調も変わった。福島原発事故の前は、日本で深刻な原発事故が発生する可能性を否定する見解を示す原子力専門家も少なくなかったが、福島原発事故の後にはこうした議論を耳にする機会は大きく減少した。

たとえば、原子力専門家の国内最大の団体である日本原子力学会は2013年に定款を改定し、日本原子力学会の目的を、「公衆の安全をすべてに優先させて、原子力および放射線の平和利用に関する学術および技術の進歩をはかり、その成果の活用と普及を進め、もって環境の保全と社会の発展に寄与すること」とした。「公衆の安全をすべてに優先させて」という部分と、「もって環境の保全と社会の発展に寄与する」という箇所が改定で追加された。また、改定では、とくに東京電力福島第一原発事故に関わる環境修復、地域住民の支援および事故を起こした原子炉の廃止措置支援などの活動を積極的に行う旨も追加され、福島原発事故の被害に対する取り組みが日本原子力学会の活動として明確に位置づけられた。原子力専門家が福島原発事故とその被害を反省し、安全神話と決別しようとしたことはある程度うかがわれる。

安全神話の代わりとなるもの

しかし、原発事故が起こらないことを前提とする安全神話との決別の動きは、別の神話を生み出した。安易に安全を請け負うことを避けようとすると、今度はどんなリスクをどの程度までなら受け入れるのかに関する社会的合意が必要となる（なお、先に述べた「安全目標」はそのためのアイデアの一つである）。社会的合意の主体や基準をめぐる混乱への手当てがなされる前に、新たなリスク神話が再び市民の意識を捉えてしまった。

上記のように、原子力規制委員会は自らの原子力規制が安全を請け合うものであるかのように受け取られることを警戒するようになった。初代委員長の田中俊一は新規制基準に基づいた原発審査について、2014年の記者会見で以下のように述べている。

「安全審査ではなくて、基準の適合性を審査したということです。ですから、……基準の適合性は見ていますけれども、安全だということは私は申し上げません」（原子力規制委員会［2014］）。

しかし、この発言の直前に政府が閣議決定したエネルギー基本計画は次のように述べていた。

「世界で最も厳しい水準の規制基準に適合すると認められた場合には、その判断を尊重し原子力発電所の再稼働を進める」。

すなわち、独立した立場から厳しく原子力発電所の安全審査をし指導監督を行う原子力規制委員会は、規制基準に適合しているからといって、日本の原子力発電所が安全だとはいわない。しかし、政府は規制委員会の審査に合格した原子力発電所は、規制基準に適合していることを理由に原子力発電所を稼働させるというわけだ。

もちろん、安全神話に安易に回帰すること、すなわち、絶対に安全だから稼働させても問題ないといってはならないことは明確である。しかし、だからといって、規制当局も推進当局も、誰も安全だとはいわず、世界で最も厳しい水準の規制基準を達成しているからというだけで原子力発電所を動かすことは、本当に道理に適うのだろうか。

上記の疑問は、同じ時期に裁判所によって実際に社会に提起された。2014年5月21日に福井地方裁判所が出した、関西電力大飯原発3号機・4号機の運転差し止めを命じる判決がそれである。この判決は重大な原発事故のリスクがなくならないこと、リスクが顕在化した際には社会の存亡に関わり、国民の人格権を侵害する結果が生じることが明白なことを理由に、運転差し止めの結論を導いた。誰も安全を担保しないことへの真正面からの問題提起であった。

福井地方裁判所の判決に対してきわめて強い調子で反論したのが、定款改定を行ったばかりの日本原子力学会であった。日本原子力学会が、判決の直後の同月27日に出したプレスリリース（記者発表文）は舌鋒鋭く判決を批判している。

「ゼロリスクを求める考え方は科学技術に対する裁判所の判断として不適切です。いかなる科学・技術も人間や環境に対してリスクをもたらしますが、科学技術によってリスクを十分に低減させた上で、その恩恵とのバランスで社会はそのリスクを受容しています。本会は津波対策、重大事故対策および事故時対策を適切に行えば、福島第一原子力発電所事故の再発防止は可能であり、かかる意味において、原子力利用は人格権を犯すものではないと考えます。

……工学的な安全対策を否定する考え方は不適切です。現代社会は様々な形で科学技術の恩恵に浴していますが、それらの科学技術のほとんど全てに工学的な安全対策が用いられています。原子力発電所のみ、工学的安全対策を認めないと言う考え方は公平性を旨とする裁判所の判断として不適切だと考えます」（日本原子力学会［2014］）。

こうした「どんな技術にもリスクはある」「リスクはゼロにはできない」「リスクとベネフィットの比較衡量をせざるをえない」といった論法は、「安全とはいわない」という当時の原子力規制委員長の発言と表裏をなしている。

新たなリスク神話の出現

絶対の安全を保証できない以上、リスクは残る。問題は、それをわれわれが受け入れるかどうかにかかっている。そうなると、どのようなリスクなら受け入れるのか、どの程度までのリスクなら受け入れるのかという、いわゆる線引き問題になる。

しかし、上記の主張には、明らかに「そうだとして、この程度の内容や程度のリスクは受け入れることが適当だ（なのにそれを受け入れないのは不当だ）」との含みを持っている。この論法は、一般論としては多くの場合は真と認めざるをえず、反論が困難であることを利用して、社会に「あなた方はリスクについて考える必要はない」と思考停止を要求する点、あるいは、科学技術を推進する側の説明責任や結果責任を免じる傾向を持つ点で、安全神話と同種の危うさを持っている。

ちなみに、リスクに関するこうした主張には、「日本社会、日本人はとくにゼロリスクを求めすぎるが、ゼロリスクは論理的に不可能なのでそれは誤りだ」という「おまけ」がつく場合があり、この場合はより批判の調子が強くなる。確かに社会心理学者の間では、日本社会はリスクを連続量として捉えるのではなく、有無で考える傾向が強いといった指摘は、福島原発事故以前からある（奈良［2007］）。

しかし、ペローがすでに1980年代前半に主張したように、万一の事故の帰結が破局的な結果をもたらすリスクについては、これを排除することで対処するしかないとする考え方は、十分な正当性がある。リスク・マネジメントの研究者である奈良由美子は、同じ論理が市民のゼロリスク追求の背景にあると指摘している（奈良［2007］）。

死亡者数の多寡や平均余命への負の影響の大小といった尺度では、リスクの破局性は十分に捉えられない、というのもペローが指摘したとおりである。原発事故の破局性は、広い範囲の長期の放射能汚染が生じ、地域社会を根底から破壊する。地理的範囲が大きくなった場合は、国全体、場合によっては国を超えた範囲で社会の存続が困難になる。

実際、原子力専門家たちもそのことに気づいている。日本原子力学会の定款改定において、環境の保全が日本原子力学会の活動目的に追加されたことは、この点と関係している。直接的な人の健康リスクを問題にしているだけでは、福島原発事故の重大性や深刻性を捉えきれないことを認めざるをえなかったのである。また、原子力規制委員会は、自ら定めた安全目標に、以前から安全の物差しとしてきたCDF（炉心損傷頻度）やCFF（格納容器機能喪失頻度）に加え、いわゆるLRF（大規模放出頻度）を追加した。原子炉が壊れるかどうかという原因サイドの目標だけではなく、周辺環境をどの程度守るのかという帰結サイドの目標を置かざるをえなくなったのである。

リスク神話の危うさ

人々がゼロリスクを求めてまったく譲らないことが問題の根源だ、という原子力専門家の仮説は明確な根拠に基づいたものではない。それどころか、原子力専門家も原子力リスクの特殊性が背後にあり、社会が対策について厳しい要求をするのは不当な要求ではないことは認めている。にもかかわらず、原子力専門家は社会の不条理なゼロリスク要求こそが問題の原因だと、それが正当な通説であるかのように主張している。こうした議論が、原子力をめぐる現在の論争のなかで有力な位置を占めている。安全神話と対照をなすリスク神話の誕生である。

リスク神話の不誠実さは、原子力専門家や科学技術への信頼を毀損する。市民の原子力への懸念を無知ゆえの誤解であるとあなどり、傲慢な態度をとることは、結局、市民と原子力専門家の間、ひいては社会と科学の間の信頼関係を破壊し、科学そのものを危うくする。このことはイギリスの科学技術社会論研究者ブライアン・ウィンが、すでに30年も前に明らかにしている（Wynne [1992]）。

いやしくも原子力専門家が科学的態度を称揚するのなら、市民の異議申し立てが拠って立つ合理性にも虚心坦懐に目を向け、理を認め、積極的に尊重すべきである。

また、原子力専門家が市民の側のリスク受忍ばかりを一方的に問題にすることは、そこには何かほかの動機や理由があるのではないかという疑念につながる。この点もまた、ウィンがイギリスのカンブリア地方におけるチェルノブイリ原発事故に起因する放射能汚染と牧羊農家に関する事例分析で明らかにしたことである。この事例とウィンの分析については第4章を参照いただきたい。

しかし、ここで原子力専門家の誠実さを疑い、それを倫理的に非難することは論旨から外れる。むしろ、社会に害をなしかねない同様の機能を持つ、しかし、見た目には真逆にみえる安全神話とリスク神話という二つの神話における切り替えに目を向けたい。「安全だから大丈夫」も「リスクは残るから仕方がない」もどちらも乱暴な議論であるのは明白である。にもかかわらず、なぜ両極の間をわれわれは行き来してしまうのだろうか。

3　SPEEDIをめぐる混乱——華やかな論争と等閑視される教訓

福島原発事故以前におけるSPEEDIへの期待

ある極から対極へと転換することで、失敗からの学習であり教訓の反映であるかのように装うことは、原子力分野の多くの政策変更のなかで起きている。

福島原発事故の発生当時に、大きな関心を集めたシミュレーション・システムがあった。放射性物質の拡散を計算するＳＰＥＥＤＩ（緊急時迅速放射能影響予測ネットワークシステム）である。ＳＰＥＥＤＩをめぐっても、安全神話からリスク神話への転換と似た展開が発生している。本節では、ＳＰＥＥＤＩの経緯を、筆者自身によるウェブ記事（寿楽［２０２１］）をもとに説明する。

ＳＰＥＥＤＩは、原子力発電所などから放射性物質が外部に放出された後、環境中でどのように拡散するのかをシミュレーションするコンピュータ・システムである。気象条件や地形などを考慮した計算が行われ、高い精度のシミュレーションが可能となっている。また、放射性物質の拡散の結果、ある地点でどの程度の放射線被曝が生じるのかもＳＰＥＥＤＩは計算できる。また、計算結果を地図上の分布として視覚的に表すことも可能である。

ＳＰＥＥＤＩの用途は、当然、原子力災害への備えであり、重大な原発事故が発生したときの住民避難への活用が想定されていた。いうまでもなく、市民の被曝を最小限にするためである。ＳＰＥＥＤＩは１９７９年のアメリカのスリーマイル島原発事故をきっかけに開発されたが、その後、政府が定める原子力災害対策へ組み込まれた。

１９９９年の東海村ＪＣＯ臨界事故を受け、国は２０００年に原子力災害対策特別措置法を施行した。この新たな法に基づいた公式の災害対策マニュアルにおいて、ＳＰＥＥＤＩの計算結果は「住民避難等の防護措置を決定する際の基本情報」（以下、基本情報）とされた。

原子力災害対策特別措置法の制定後に行われるようになった国主催の原子力防災訓練では、ＳＰ

ＥＥＤＩの予測結果の図が配布され、それをもとに避難措置が発令される訓練方法が定着した。どの範囲に放射性物質が拡散し、どの程度の被曝をもたらすのかがわかるのなら、避難等の措置をとるタイミングや範囲を決めるのは容易なことに思われた。

福島原発事故発生時におけるSPEEDIの不在

福島原発事故ではどうだったのか。当然、ＳＰＥＥＤＩは基本情報を提供するはずであったが、ＳＰＥＥＤＩは活用されなかった。ＳＰＥＥＤＩの計算に不可欠な情報である放射性物質の放出源情報が得られなかったからである。

「どう広がっていくか」の計算は、「ある時点でどんな放射性物質がどのぐらい、どの場所から放出されるのか」という、計算の起点になる情報が必須である。これが放出源情報である。福島原発事故以前の訓練の際には、放出源情報が得られる前提で、どの地域でどの程度の被曝が想定されるのかをＳＰＥＥＤＩの計算結果（想定された結果）が示していた。

当時の想定では、原発事故の際の放出源情報は、ＥＲＳＳ（緊急時対策支援システム）という別のシミュレーション・システムが提供することになっていた。ＥＲＳＳは、原子力発電所の事故がどのように進展するのかを予測し、その結果から、原子力発電所から放射性物質が放出されるタイミングや放出される放射性物質の種類や量なども推定できると見込まれていた。

ＥＲＳＳが正確な予測を行うためには、原子力発電所の実際の状況に関するデータが必須である。しかし、福島第一原子力発電所は東日本大震災と津波により電源を失い、温度、圧力、水位など、ＥＲＳＳの予測に必要なデータが測定できなくなっていた。データを転送する通信回線も被災して寸断された。ＥＲＳＳが予測を出すことが不可能となったため、ＳＰＥＥＤＩが予測計算を始めるための放出源情報も入手不能となった。

担当者によって操作されるSPEEDIの出力図形表示用端末
(2011年5月30日撮影，時事提供)

ＳＰＥＥＤＩの運用担当者は、やむなく「このあと○時に１ベクレル（ベクレルは放射能の量の単位）が福島第一原子力発電所から放出されたとすれば」とか、あるいは「△時に安全審査での最悪を想定した場合の放射性物質が放出されたとして」といった、仮定の放出源情報を用いた計算を続けた。

これが「ＳＰＥＥＤＩは稼働していた」ということの実態である。これは起こるであろう出来事を予測した計算結果ではなく、仮想的な仮定計算であった。それは「明日の15時に原発が大爆発したらどうなるであろうか」といった意味の仮定計算であり、当たることが期待される予測計算ではなかった。仮定の条件は次々と変えられるので、計算結果は数百通りにものぼったが、そのどれが「当たる」のかを知る術はない。SPEEDIの計算結果は、避難等の判断の基本情報として使えるものではなかった。

福島原発事故後のSPEEDIをめぐる論争

SPEEDIが活用されなかったのは、やむをえないことだったのだろうか。仮定計算であっても十分に意味はあったという意見もある。福島原発事故後に、当時の内閣が設置した政府事故調査委員会（政府事故調）はそうした立場をとった。

放出源情報として入力する放射性物質の量がいくらであれ、同じ放射性物質であれば、地図上に色分けして示される汚染と被曝の分布は変わらない。どこが汚染されるのかはわかるというわけだ。だからSPEEDIの計算結果は住民避難のうえで大きな意味があったのであり、公開しなかったのは重大な隠ぺいだと批判的に分析した。

しかし、残念ながらこの議論には見落としがある。放出量だけでなく、放出の時点、つまり「いつ原発から大きな放出があるのか」がわからないと汚染分布は決まらないのである。当然、時間とともに気象条件も変化する。放射性物質の放出時点が1時間ずれるだけで、風向きが変わり、1時間前とは反対向きに拡散する計算結果となる可能性もある。

また、放出の仕方も問題だ。放出される放射性物質の種類や総量が同じでも、爆発的な事象によって一挙に吹き飛ばされる場合と、格納容器の亀裂から時間をかけて漏えいする場合では、拡散の仕方は大きく変わる。放出中に風向きや降雨などの天候変化があれば、その変化の度合いは大きなものとなる。そもそも放出源情報とは、これらの条件を過不足なく含むべき情報である。放出源情報に十分な正確性がなければ、SPEEDIの計算結果にも拡散予測としての信頼性はない。

なお、事故発生後しばらくして政府が公開したSPEEDIの計算結果のなかには、実際の測定結果ときわめてよく似た汚染分布を地図上に描いたものがあった。しかし、それらは逆計算といわれるもので、実際の測定結果から「いつ、何が、どのぐらい放出されたのか」を逆算したものであった。後になって政府が一連の計算結果を公表したため、SPEEDIの計算結果と実測結果の類似を指摘する声があがった。両者の相似は、専門家でない一般の人々であっても十分認識できたので、図表が出回ると「これがあれば、より適切な避難ができたのに」という市民の憤怒を駆り立てた。しかし、これは後知恵にすぎない。政府の危機管理や情報公開に大いに不備があったことは厳しく問われて然るべきだが、そのことと後知恵とを混同してはならない。両者はきちんと分けて議論されるべきである。

結局、SPEEDIは使い物にならなかった。国会の設置した事故調査委員会（国会事故調）はこの立場をとり、ＳＰＥＥＤＩが福島原発事故の緊急時対応に用いられなかったことはやむをえなかったとしている。

見過ごされた本当の教訓——ＳＰＥＥＤＩをめぐる社会的仕組みの問題性

ＳＰＥＥＤＩをめぐる何がまずかったのだろうか。それは、ＳＰＥＥＤＩを使いこなす適切な社会的な仕組みの不備である。たとえば、実測結果と予測計算を組み合わせて使うというやり方がある。実測結果は数値の信頼性はもちろん高いが、とくに事故直後は周辺地域を十分に調べられない場合もある。もしかすると、高汚染地域を見落とすことがあるかもしれない。予測計算を実測結果と見比べながら使うことには十分な意味がある。

仮定計算にしても、たとえば福島原発事故の際にも行われた原子炉格納容器の圧力を下げるために、内部の気体を外へ放出するベントの影響を見積もり、影響を最小化するタイミングを見極めるのに使うこともありうる。あるいは、事故において悪条件が重なる最悪のケースを見出し、万全の備えに役立てることなどは技術的に十分な根拠があり、有用性が期待できる使い方である。

しかし、福島原発事故の以前に政府が整えた仕組みは、「基本情報」としてＳＰＥＥＤＩが使われるとか、ＥＲＳＳがＳＰＥＥＤＩに放出源情報を提供するといった、具体性を欠いた大括りな枠組みだけを決めていて、計画やマニュアルはＳＰＥＥＤＩをそのように役立てるための具体的な方法を明確にしていなかった。

したがって、ＳＰＥＥＤＩを科学的・技術的に根拠のある、そして社会にとって有用なやり方で用いるにはどうすればよいのか、そのための制度、計画、運用などを検討することが、福島原発事故を経た教訓として何より大切になるはずであった。ところが、福島原発事故の後に発足した原子力規制委員会は、２０１６年、緊急時の拡散計算には信頼性がないということから、今後の原子力災害の緊急時対応にはＳＰＥＥＤＩをいっさい用いないことを決定した。

これは安全神話からリスク神話への転換と類似した、極論から極論への転換であるように思われる。楽観的なＳＰＥＥＤＩ有用論から、悲観的なＳＰＥＥＤＩ否定論へと政策は変わった。再び、われわれは神話に振り回されてリスクと正面から対峙できずにいる。巨額の公費を注ぎ込んだＳＰＥＥＤＩを公共利益のために役立てるにはどうしたらよいのかを、徹底して議論しようという姿勢は、そこにはない。

4　避難計画をめぐる隘路——福島原発事故の教訓は活かされているのか

新たな防護措置の考え方

福島原発事故後に発足した原子力規制委員会は、今後の原子力災害においてはＳＰＥＥＤＩを避難等の防護措置に関する判断には用いないことを決定した。代わりに原子力規制委員会が採用したのが、原子力発電所を中心に同心円状の区域を定め、他方で事故が起きたときの危険レベルもあらかじめ段階的に設定し、その組み合わせで機械的に防護措置を発動するという方法である。

具体的には、原子力発電所から半径５㎞圏内をＰＡＺ（Precautionary Action Zone：予防的防護措置を準備する区域）、その外側で原子力発電所から半径30㎞圏内をＵＰＺ（Urgent Protective action planning Zone：緊急時防護措置を準備する区域）に指定する。ＰＡＺでは重大事故が発生したら放射性物質が外部に放出される前の段階から予防的に避難を始めることとし、ＵＰＺでは事故の進展に応じて段階的に屋内退避などを行うこととされた。

もし、原子力発電所から30㎞圏内の住民全員が重大事故の発生と同時にいっせいに避難を開始すると、当然、自動車渋滞などの混乱が生じ、とりわけ原子力発電所近傍の住民ほどその悪影響を大きく受けることになる。したがって、ＰＡＺの住民を先に避難させることと、時間的な猶予や影響の緩和が期待できるＵＰＺの住民の保護とを区別し、両立させようというのがこの考え方のポイントである。

ＰＡＺでの避難措置の開始は、原子炉で発生しうる事故の度合いに対応して定められたＥＡＬ（Emergency Action Level：緊急時活動レベル）に基づくとされている。ＥＲＳＳなどによる原子炉損傷の状況や事故の進展を予測し、それに応じて避難措置を変えるということは行わない。

また、ＵＰＺでの段階的な防護措置の実施については、まず、ＥＡＬが最も高いレベルになると、住民は屋内退避が命じられ、その後はＯＩＬ（Operational Intervention Level：運用上の介入レベル）に応じた事前基準によって避難あるいは一時移転の措置が発動される。ＯＩＬは実際に計測された空間放射線量によって定められ、ＳＰＥＥＤＩの予測計算は用いない。

こうした方法は、緊急時における人の判断を排することを目指したものである。緊急時対応は基本的に事前に設定される。地方自治体や地域住民に求められるのは、緊急時対応を実現するための具体的な行動計画策定や資機材の準備、円滑な実施のための努力（典型的には避難訓練など）のみである。決められたとおりにこなすべき作業のように緊急時対応を位置づけている点がポイントである。

閉ざされたリスク・コミュニケーションの道

確かに、福島原発事故の前の備えの非現実性に比べれば、現在のやり方はずっと現実性がある。そもそも、以前の指針では防災対策の重点区域を原子力施設から8～10㎞までの範囲に限っていたが、福島原発事故ではその範囲を大きく超えて放射性物質の拡散影響が及んだ。したがって、対策の地理的範囲をとっても事故の教訓が活かされているといえる。

しかし、原発事故のリスクを地域コミュニティや市民が見極め、さまざまなトレードオフについての判断を重ね、オープンエンドな議論のうえで結論を出すというアプローチはとられていない。現在、原子力発電所を抱える地域社会で議論されているのは、上記のようなあらかじめ定められた手順をいかに迅速、円滑、確実にこなす計画を立案し、実施可能にするのかという、クローズドエンドな問題設定になっている。地域社会の政治・行政や市民が判断するのは、与えられたタスクの実行に関することに限られている。

たとえば、茨城県東海村にある日本原子力発電・東海第二原子力発電所は、原子力規制委員会の考え方に即すると、広域避難計画の対象となる人口が90万人を超える。当然、避難の実効性には疑問符がついた。だが原子力規制委員会は、地域社会の実情に即した備えをすることを認めず、あくまでも「同心円状の地域設定＋あらかじめ設定した基準による防護措置の実行」という方針を貫いている。

茨城県や関係市町村は何とか広域避難計画を策定しようと努力を続けている。しかし、２０２１年3月には、90万人超に対して計画通りに円滑に防護の措置を講じることの非現実性を大きな理由として、東海第二原子力発電所の運転を差し止める判決が水戸地裁で出された。現実性を持たせるために備えを標準化し、タスク化したことが、結局は非現実的な避難計画に帰結し、原子力発電所の運転そのものを許容外とする司法判断につながった。いささか矛盾に満ちた事態の推移である。果たしてこれは、われわれが福島原発事故の教訓から学んだ結果だと胸を張れる状況であろうか。

5　われわれは何を考えるべきか――リスクと向き合うために必要なこと

本章は、福島原発事故からの教訓を得ることを掲げた論争のなかで生じた、ある神話から別の神話への転換の二つの例に焦点を当て、教訓を学ぶことに社会が失敗する顚末を描写した。あたかも銀の弾丸（silver bullet）の幻影を追い求めるかのように、単一の技術やレトリックにすべてを頼ろうとしたり、あるいはそれを全否定したりすることは、科学と政治と社会の相互作用のなかでわれわれが正面からリスクと向き合うことにはつながらない。それどころか、油断か諦念のどちらかを生んでしまい、人々がリスクと向き合う努力を放棄させるという深刻な問題を抱え込んでいることを見逃してはならないのだ。

もちろん、議論の過程ではペローが問いかけたように、原子力発電所のような破局的なリスクを持つ技術を使い続けることが適切なのか、東海第二原子力発電所における人口の多さによる避難の困難性のように、ある特別な事情を抱える場合においては、無理に向き合うことよりも、リスクそのものを排除することが正しいのではないかといった、根源的な議論も避けられない。福島原発事故から今日まで、こうした議論は一部の司法判断においては言及されていたものの、公論に十分に付されてきたとはいいがたい。

福島の原子力災害の教訓を活かすうえで、当面、最も問題となるのは、リスクを見極めて評価し管理するリスク・ガバナンスのなかに、こうした丁寧で重みのある議論を行うための社会的仕組みが組み込まれていないことである。科学と政治と社会の相互作用のなかでわれわれがリスクと向き合うための対話や学びの場、そしてそのアウトプットを活かす道筋が適切に設けられていないことが根源的な問題なのである。

参考文献

原子力規制委員会［2014］「原子力規制委員会記者会見録（平成26年7月16日）」（https://warp.da.ndl.go.jp/info:ndljp/pid/11036037/www.nsr.go.jp/data/000068796.pdf　2022年8月31日閲覧）。

寿楽浩太［2020］『科学技術の失敗から学ぶということ――リスクとレジリエンスの時代に向けて』オーム社。

寿楽浩太［2021］「『隠ぺい』よりヤバい〝制度の欠陥〟…福島原発事故、放射能汚染の予測が公開されなかった本当の理由」（2021年3月10日）（https://gendai.media/articles/-/80989　2022年8月31日閲覧）。

寿楽浩太・菅原慎悦［2017］「『SPEEDI』とは何か、それは原子力防災にどのように活かせるのか?」茨城県東海村「原子力と地域社会に関する社会科学研究支援事業」平成28年度研究成果報告書（http://www.tonerico2.org/itaku/report/research-report2016.pdf　2022年8月31日閲覧）。

武田徹［2011］『私たちはこうして「原発大国」を選んだ――増補版「核」論』中公新書ラクレ（中央公論新社。初版2002年刊行）。

奈良由美子［2007］「安全・安心とリスク管理」『危険と管理』第38巻、115～128頁。

日本原子力学会［２０１３］「一般社団法人日本原子力学会定款」（https://www.aesj.net/uploads/rule_0000.pdf　２０２２年８月31日閲覧）（なお、２０２２年６月10日現在で掲載されている定款は２０１８年に一部再改定されているが、引用部分の変化はない）。
日本原子力学会［２０１４］「関西電力大飯原発３、４号機運転差止め裁判の判決に関する見解（２０１４年５月27日）」（https://www.aesj.net/uploads/dlm_uploads/PR20140527.pdf　２０２２年８月31日閲覧）。
日本原子力学会標準委員会［２０１４］「標準委員会技術レポート　原子力安全の基本的考え方について　第Ⅰ編　別冊　深層防護の考え方」（２０１４年５月）、AESJ-SC-TR005(ANX):2013（https://www.aesj.net/document/tr005anx-2013_op.pdf　２０２２年８月31日閲覧）。
ベック、ウルリヒ（東廉・伊藤美登里訳）［１９９８］『危険社会――新しい近代への道』法政大学出版局。
Perrow, C. [1984] *Normal Accidents: Living with High-Risk Technologies*, Princeton University Press.
Rees, J. V. [1994] *Hostages of Each Other: The Transformation of Nuclear Safety Since Three Mile Island*, University of Chicago Press.
Sugawara, S. and K. Juraku [2018] "Post-Fukushima Controversy on SPEEDI System: Contested Imaginary of Real-time Simulation Technology for Emergency Radiation Protection," in S. Amir ed., *The Sociotechnical Constitution of Resilience: A New Perspective on Governing Risk and Disaster*, Palgrave Macmillan, pp. 197–224.
Wynne, B. [1992] "Misunderstood Misunderstanding: Social Identities and Public Uptake of Science," *Public Understanding of Science*, 1 (3), pp. 281–304.

第3章　感染症災害
——科学的予測と助言をめぐるすれ違い

［寿楽浩太］

はじめに

日本の新型コロナウイルス感染症（以下、新型コロナ感染症）の感染者数、死者数は国際的にみれば相対的に低い水準に抑え込まれてきた（執筆時点の2022年初夏までの状況）。この点に注目すれば、日本の新型コロナ感染症対策は成功した、少なくとも悪くない線だったと評価してもよいように思える。

しかし、当の日本社会はこれまでの新型コロナ感染症対策について肯定的に評価してこなかった。とりわけ、政府による新型コロナ感染症対策については非常に低い評価が続いている。

このことは報道機関が随時行ってきた世論調査でも明らかであった。何より、2021年9月に菅義偉内閣がわずか1年余りの在任期間で退陣に追い込まれた理由は、新型コロナ感染症対策の失敗と広く受け止められている。

なぜ、日本の新型コロナ感染症対策は、感染者数や死者数という感染症災害（国際的には生物災害ともいわれる）を考えるうえで最も重要な指標における善戦にもかかわらず、「失敗」と総括されてきたのだろうか。新型コロナ感染症という事態は現在も進行形であるが、本章はこの問いに答えようとするものである。

本章は、公衆衛生、政治・経済そして科学と社会の関係といった切り口を順に取り上げ、2020年初頭から22年前半までの約2年強の新型コロナ感染症とその対策の経緯を検討し、問題の所在を探っていきたい。

1 成功と失敗のはざま――日本の新型コロナ感染症対策

定量的なデータでみた日本の新型コロナ感染症対策

世界のさまざまな定量的なデータを集積している非営利のウェブサイトであり、新型コロナ感染症の統計も公開している Our World in Data（https://ourworldindata.org）によると、G7（主要7カ国）で比較した場合、人口100万人当たりの感染者数は、アメリカ、イギリス、イタリアはピーク時（2022年1月）に25000人から30000人程度を記録しているのに対し、日本は750人程度（2022年2月）にとどまっている。

同じく人口100万人当たりの新型コロナ感染による死者数でみても、イギリスは14人（2020年4月）と18人（2021年1月）の2回のピークを経験し、イタリアは13人（2020年4月）、12人（2020年11月）、7人（2021年4月）、6人（2022年2月）と幾度もピークを繰り返している。アメリカも6人から10人に至るピークを複数回、経験しているし、フランスも最初のピークでは14人、ドイツは最盛期は10人を超えた。これに対し、日本の死者数は最大（2022年2月）でも2人を超えることはなかった。

もちろん、東アジア地域の国々のなかで比較すると、日本は相対的に失敗したのではないかという指摘も2022年初頭までは正当に思えた。たとえば、新型コロナ感染症の発生国とされる中国の数値をみると、2021年末までの人口100万人当たりの感染者数は最大0・3人、同じく人口100万人当たりの死者数の最大は0・04人とわずかな数値であった。同様に台湾でも人口100万人当たりの感染者数は最大25人、死者数は1・2人であった。韓国は2021年末に大きな感染ピークがあったが、人口100万人当たりの感染者数は日本を下回っていた。

しかし、2022年に変わる前後から東アジア諸国も、感染者数や死者数の数値は急激な増大をみた。国・地域によっては、日本はおろか欧米と同等以上の深刻な感染状況に変化した。韓国や台湾の感染者数および死者数は日本を大きく上回るようになった。韓国の人口100万人当たりの感染者数は最大7900人で、欧米の最大値の2倍以上を記録している。台湾の人口100万人当たりの感染者数3500人も欧米の最悪期と同水準である。人口100万人当たりの死者数でみても、韓国は最大7人、台湾は4・7人を記録し、欧米の水準に近い数値を示している。これらは日本のこれまでの最大値を上回っている。

ほとんど完璧な感染封じ込めに成功してきた中国も、2022年4月には人口100万人当たりの感染者数が最大18人となった。中国は依然として人口比では小さい数値だが、大都市・上海で厳格なロックダウンが行われるなど、市民生活に深刻な影響を及ぼしている。また、サプライチェーンへの影響により、世界経済へのインパクトも大きくなっている。

新型コロナ感染症対策は失敗したという自己認識

以上のような数値にもかかわらず、日本社会は新型コロナ感染状況に対して、とりわけ政府の対策に対して強い不満を示してきた。2021年3月実施の「中央調査報」の意識調査では、対応を「まったく評価できない」を0、「十分評価できる」を10として10段階で回答を求めたところ、政府の新型コロナ感染症対策に対する評価は4・41、地方自治体の対応に対する評価は5・14、医療機関の対応については7・46となり、政府の対策に対する評価がとくに低いことを示している

（中央調査社［2021］）。

2021年9月に退陣に追い込まれた菅内閣のもとでは、いわゆる1回目と2回目のワクチン接種が強力に推進され、その接種率の推移も欧米と比べてきわめて順調であった。日本は接種開始こそ遅れたものの、接種率（2回完了）は2021年4月の接種本格化以降は大きな伸びをみせ、2021年9月には最も早く接種を開始したアメリカを追い越し、10月にはイギリスも追い越した。また、1年間の延期の後に2021年7月から9月に開催された2020オリンピック・パラリンピック東京大会の期間中も含め、欧米水準の感染拡大が生じることはなかった。

それでも、とくにオリンピック開催前後は、政府の新型コロナ感染症対策に対する批判や不満が広く語られ、発足当初は高い支持率を誇った菅内閣が、新型コロナ感染症対策を主な理由としてわずか1年ほどで倒れる結果となった。

なぜ、日本の新型コロナ感染症対策は感染者数や死者数といった、感染症災害を考えるうえで最も重要な指標における善戦にもかかわらず、「失敗」と総括されてきたのだろうか。

何が「失敗」という評価の主な要因なのか

そもそも、「失敗」だとみるのは日本社会の新型コロナ感染症対策に対する誤解や無理解の成せる技だとする考え方もあるだろう。人々の主観的な視点からの思い込み、根拠薄弱な不当な論難、被害者意識の表れにすぎないという見方だ。

しかし、本章はこうしたわかりやすいまとめ方にはくみしない。むしろ、主観的という言葉を市民の経験や日々の暮らし、そのなかでの労苦とそれに対する正当な感情的反応といった文脈で捉え、専門的知見を公共のためにいかに適切に活かしたのか、活かさなかったのかという視点で検証を行いたい。

科学と政治と社会の協働による災害対策という本書のテーマに応えようとするならば、市民がどう反応したのかという視座は不可欠である。また、社会的現実のなかで災害リスクをどのようにマネジメントするのかという問いこそが、実務上・実践上も最大の課題とならざるをえない。したがって、成功と失敗のはざまにおいて、科学と政治と社会との間で生じる問題に迫ることは、暫定的なものであっても大きな意味があると考える。

2　公衆衛生面の対応——前面に出た専門家の功罪

科学的助言への注目と期待

日本における従来の災害対応に比べたときの新型コロナ感染症対策の大きな相違点は、専門家がはっきりと前面に現れたことである。新型コロナウイルス感染症対策専門家会議（2020年2〜

7月、以下、専門家会議）とそれを引き継ぐ新型インフルエンザ等対策有識者会議・新型コロナウイルス感染症対策分科会（２０２０年7月以降）、さらに新型インフルエンザ等対策推進会議・基本的対処方針分科会（２０２１年4月以降、二つの分科会を総称して分科会と標記）からの発信は、政府に対する助言というだけでなく、社会に対する専門家からのメッセージとして広く受け止められた。とりわけ、専門家会議・分科会を通して感染症の第一人者として記者会見などの対応を担った尾身茂（当時・独立行政法人地域医療機能推進機構理事長）の存在感は大きく、尾身の発信は広くメディアで取り上げられた。

　政治家や高位行政官ではない人物が、専門家という役割で長期にわたって政治や社会に対する助言者として大きな存在感を示したのは、日本の歴史上、初めてである。また、尾身のみならず、新型コロナ感染症の発生初期に理論疫学の見地から感染拡大に関する独自の試算を示した西浦博（当時・北海道大学大学院教授、後に京都大学大学院教授）も継続的な社会の関心の的となった。

　尾身を中心とする専門家会議・分科会からの助言として注目される事柄はいくつもあげられるが、ここではパンデミックの発生初期からの三密回避のメッセージに代表される行動変容アプローチ、広範で悉皆（しっかい）的なＰＣＲ検査よりもクラスター対応を優先する感染拡大防止戦略、そしてこれらが新型インフルエンザ等対策特別措置法に基づく緊急事態宣言やまん延防止等重点措置として行政的に裏付けられた政策となり、社会・経済活動に影響を与えてきたことに着目したい。

三密回避のメッセージは、閉鎖空間におけるウイルス飛沫による高度に汚染された空気が感染につながることを含意し、その回避が感染防止につながることを早くから示した点が注目される。三つの密は密閉空間、密集場所、密接場面を意味し、それらが重なる状況においてほど、感染リスクが上昇することを具体的に示している。逆にそれらを回避することが効果的な感染予防や感染拡大防止策となるという考え方である。

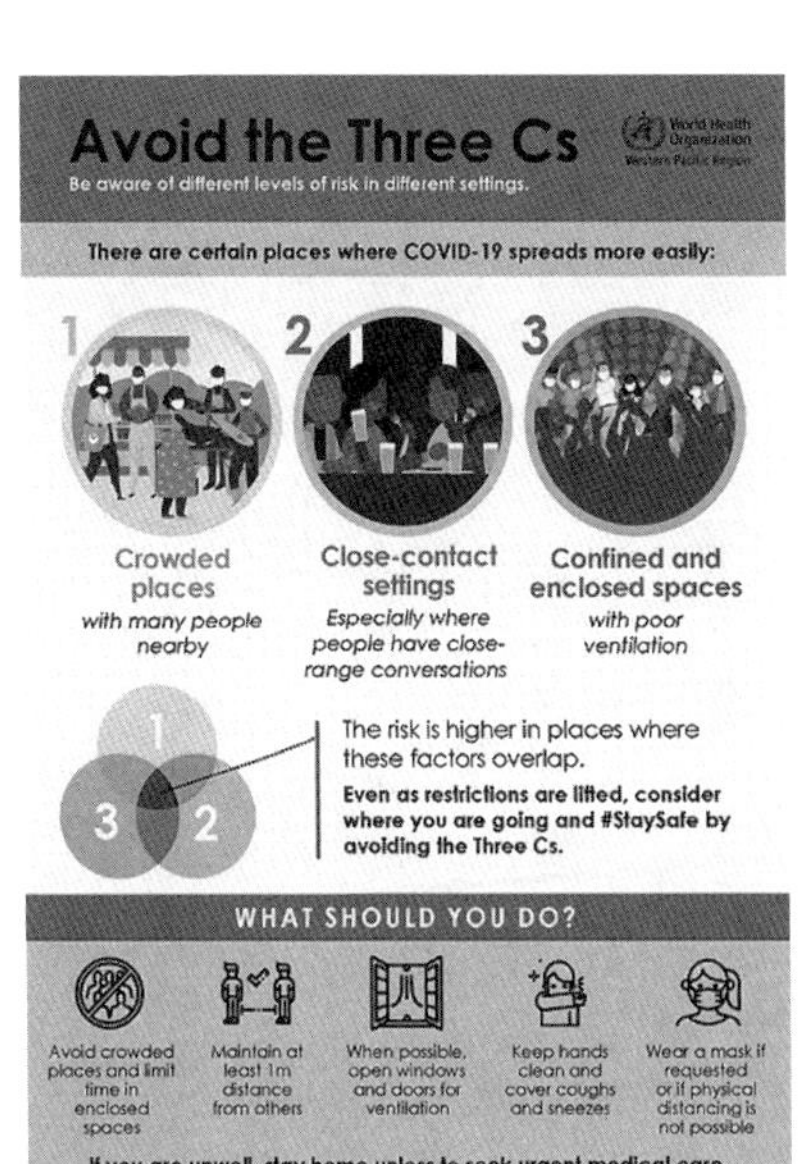

WHO が作成・配布した Avoid the Three Cs（3 つの C の回避）ポスター（WHO ウェブサイト）

専門家会議は、２０２０年３月９日に初めて三密回避メッセージを発表したが、ＷＨＯ（世界保健機関）がマスク着用の勧奨を始めたのは２０２０年６月であった。ＷＨＯは、２０２０年６月までは患者やそのケアにあたる関係者のみにマスク着用を求めていた。アメリカＣＤＣ（疾病予防管理センター）も２０２０年３月まではマスク着用を新型コロナ感染症対策としては推奨しないとしていた。三密回避メッセージに際し、専門家会議はマスク着用を防御策として明確にあげており、実際、日本ではすでにこの時期から人々がマスク着用による感染予防を広く行うようになっていた。

この時期まで、WHOなどの機関が新型コロナ感染症対策として主に勧奨していたのはソーシャル・ディスタンシングである。WHOが三密を3Cとして紹介するようになったのは、2020年7月18日である。いうまでもなく、その時期には三密回避は、日本では新型コロナ感染症対策として市民に広く認知され実践されていた。

科学的助言をめぐる葛藤と批判

三密回避メッセージという事例は、世界に先んじて、日本の感染症専門家コミュニティが専門的知見を活用し、感染拡大防止として有効な対策を発信したものであり、高く評価できる。しかし、現実の日本社会では、専門家会議・分科会の発信するメッセージは批判にさらされることも多かった。

上記の三密の事例は、個人や身近な組織（職場等）が実践できる自衛策を呼びかけたもので、生活や業務のうえでの実現可能性もあり、必ずしも政府による大規模な政策による措置を必須としない部分が多かった。このため、専門家が前面に出て広く社会に呼びかけるという試みが奏功した。

ところが、市民が専門家会議・分科会に求めたのは、政府に対する助言であり、政府による政策・施策によってこそ可能になる大規模な感染拡大防止策であった。

たとえば、専門家会議・分科会は、諸外国が採用した大規模で広範なＰＣＲ検査の実施による検出と隔離対策の実施を政府に強く求めなかった。むしろ、クラスター対策といわれる局所的な感染者集団（クラスター）の発生を早期に探知し、疫学調査と介入の実施によって感染拡大を抑制する対策を取り続けたとみなされ、多くの社会的批判を招くこととなった。

もちろん、専門家会議・分科会はＰＣＲ検査の必要性や有効性を否定したわけではなく、検査能力の拡大施策を政府に要求し続けていたことは、専門家会議・分科会の発出した文書からも明らかである。しかし、専門家会議・分科会は、ＰＣＲ検査能力の拡大が思うに任せない実態を踏まえ、クラスター対策の強化や市民の行動変容による感染対策を訴えざるをえなかったとされる。

ここで、専門家から政府への科学的助言において、社会の実態や現実を顧慮すべきなのかどうかが問われる。より具体的にいえば、科学的助言はそうした実務的・現実的制約はいったん脇に置いて、あくまでも科学的見地から最善と思われる内容を助言し続けることが好ましいといえるのかという論点が浮上するのだ。

次節で改めて検討するが、こうした葛藤とそれに対する社会の想定が、専門家の言動との間で不一致を生じると、科学への社会的信頼という面では大きな問題が生じることになる。

予測をめぐる混乱と帰結

西浦教授による試算公表も大きな社会的論争を招いた。2020年4月、厚生労働省のクラスター対策班からの発信として、西浦は理論疫学のSIRモデルによる試算結果によると新型コロナによって日本国内で40万人強が死亡しうると公表した。

この試算結果は、「新型コロナ感染拡大防止策を市民がまったくとらなかった場合」という非現実的な条件でのものであり、現実的な将来予測でなかったことは明らかであった。試算結果を公表した記者会見において、西浦はこの点を指摘したうえで、それでも試算を公表したことの意図として、新型コロナがそれだけの脅威を潜在的に持つ新興感染症であることの深刻さを社会に訴え、ひるがえって接触機会削減のための行動変容を市民に促したい旨を述べた。

しかし、西浦試算は彼の意図とはまったく逆に、現実に起こりうる近い将来の被害を予測したものとして広く社会に受け止められた。2020年6月ごろには、感染者数も死者数も西浦試算が示した数値には達しなかったことをもって、西浦試算は「的中しなかった」「過度に恐怖を与えて社会を混乱させた」「過大な行動変容誘導措置を招いて経済的損害を拡大した」といった非難が広がった。

リスク・ガバナンスを研究する菅原慎悦は、西浦試算が外れた結果、理論疫学の知見の活用そのものが行政・政策実務の一部の現場から排除されたことを指摘している（菅原［2021］）。大阪府や神奈川県などは、感染拡大防止策の策定・実施にあたって、実測指標やほかの非正統的な数理モデルを基準として参照するようになった。

たとえば、2020年夏、大阪府や神奈川県では、物理学者の中野貴志が提唱したK値を用いた感染状況の推計が行われた。中野は原子核物理学が専門であり、理論疫学の専門性はなかった。しかし、中野は2020年前半の各国の新型コロナ感染拡大・収束状況を検討し、そこにあるパターンが存在することを見出した。そして、そのパターンを近似する数値モデルとしてK値を提案した（Nakano and Ikeda［2020］）。

K値を用いた試算は、感染拡大のピークや収束時期を示し、自治体や企業、個人などの行動を予見可能なかたちで感染拡大防止に最適化させうるものとして広く歓迎された。

非標準的予測への注目と社会的影響

しかし、国内における主要な感染症数理モデル研究者である稲葉寿が指摘するように、疫学分野の専門家の間では、K値のようなデータへの数学的曲線のあてはめによる流行予測は、法則性の発見としては意義があるものの、事後的にデータを再現することができても、現象の因果的理解には寄与しないし、流行予測としては機能しないことは当初から明らかであった（稲葉［2020］）。

稲葉は、こうしたモデルが、学術研究に利用されることには問題はないが、そこから現実的な感染症対策に関する含意を引き出すには慎重でなければならないと指摘している。稲葉はその理由として、感染症の流行問題を、あたかも天体力学のケプラー問題のごとく語ることで、流行が人集団の社会的応答とは独立の純粋な自然法則のように記述できると強調することは、社会的な介入行為の有効性を否定し、行動変容の要求水準を低下させ、流行の早期の自然収束を過信させる政治的結果をもたらすとしている。

*K*値のような数理モデルによって、感染の拡大や収束は常に同じ曲線を描くものだ、と想定してしまうと、市民が感染防止対策をとることは無意味であり、「嵐が過ぎるのを待つ」ことのみが市民にできることだ、となりかねない。このことが示すように、人間社会による現象への介入が不可能な自然災害とウイルスによる新興感染症のパンデミック（感染症災害、生物災害）が同じように認知されることは、現実に反する。接触機会の削減、感染者の隔離、マスク着用、ワクチン接種、治療など、感染拡大に対しては、人間社会の介入の余地が大きく、実際に感染拡大の動向に影響することは間違いないからだ。

2022年初夏までに、大阪府や神奈川県も含めて、*K*値は政府や自治体の新型コロナ対策には用いられなくなり、社会が*K*値を語ることもほとんどなくなった。

他方で、稲葉が非標準的予測と呼ぶ*K*値に類似するデータへの数学的曲線のあてはめによる流行予測は、その後も積極的に提案されている。なかには経済団体の政策提言において根拠に用いられたケースもある（山猫総合研究所［２０２２］）。

高度にシステム化された現代社会においては、社会が結果からの逆算による最適なリスク管理をするために将来を言い当てる科学的予測をより強く求めるようになる。この傾向が公衆衛生上の政策実施を制約しているのか、逆に、政策の選択肢を拡大しているのかを次に検討しよう。

3　科学と政治と社会の葛藤

科学的予測に対する社会的期待の大きさ

新興感染症、つまり科学にとっても未知の感染症である新型コロナは、災害への社会の向き合い方を大きく揺さぶった。科学的予測を活用し、望ましくない結果を回避するために逆算してなされる社会的対応を積極的に行うことで被害を最小化するという慣習が、新型コロナのパンデミックが生じて以来、さまざまな場面において全面的にあるいは部分的に無効化されたからだ。

日本は台風、豪雨、地震・津波などの自然災害に頻繁に見舞われ、日本社会はいわゆる防災を発達させてきた。自然災害に特徴的なのは、何が起きるのか、どのように備えればよいのか、発災した場合にどのように行動すべきかについて、あらかじめ科学的予測やそれに基づく被害想定が可能であるということだ。

そもそも、日本では天気予報が発達しており、その的中率は年々向上してきた。自然災害が予想される場面に限らず、日ごろから自然現象によって生じうる損害を、科学的予測を活用することで最小化する行動様式が、日本社会では一般化している。

感染症に関しても、未知のウイルスによる新興感染症ではなく、過去に繰り返し流行が生じているものであれば、科学的予測に基づく対応が可能である。麻疹、風疹、インフルエンザなどの既存の感染症に対しては、社会はその症状、致命度、対策、治療などについて一定の知識や経験を共有しており、医療・保健分野との協働も日常生活のなかで処理されてきている。

たとえば、上記のような感染症についてのワクチン接種は、学校等での集団接種ではなく任意接種となっても、子どもを保護する立場にある大人は情報を収集し、行政や医療機関からの働きかけにも応答しており、公衆衛生上の対策として十分に機能している。もちろん、任意接種となった以上はワクチン接種を行わない選択肢もあり、実際にワクチン接種を行わない市民は存在するが、そのことが感染症への社会の備えを致命的に阻害することにはなってこなかった。あえていうなら、日本社会はリスクに備えるための市民の科学リテラシー（科学的知見への市民の理解力）が、ほかの社会に比して高い社会だとも考えられる。その背景には、科学的予測の活用とそれに対する社会の強固な信頼が存在する。

市民は科学的予測が災害リスクを管理可能なものへと転換することを、多くの成功体験の記憶とともに知っているからだ。社会心理学の知見や社会システムに関する社会科学の理論などを引用するまでもなく、良好な実績の蓄積が信頼を醸成し、科学的予測に基づくリスク管理が社会のなかで組み上がってきたことは、ごく自然なことである。

未知との遭遇と裏切られる期待

しかし、新興感染症による感染症災害は科学的予測への信頼という前提を無慈悲に突き崩す。なぜなら、観念的な意味での科学も、具体的な存在としての科学者も、新興感染症は文字どおり新興であるがゆえに、確固とした知識や情報を持ち合わせていないからである。これは狭い意味の科学や科学者にとどまらない。公衆衛生や医療に携わる医療関係者も医療行政官も科学ジャーナリストも、およそ専門家と呼ばれる人たちは皆、新興感染症の前には普段よりもずっと無知にならざるをえない。いわば未知との遭遇である。

もちろん、未知との遭遇は科学がまったく無力となることを意味するわけではない。むしろ逆である。科学には無知を知へと変えていく力があり、人類にとって最も有力な知的営みの一つであることは何ら揺らがない。しかし、さながら書棚や引き出しから書物や道具を取り出すように、専門家から確立された知識や情報を引き出し、その科学的知見に従ってリスク管理を行うという通常の方法は通用しなくなる。

科学技術そのものの性質を考える学術分野（たとえば科学技術社会論）では、科学とは常に暫定的なものであり、常に無知を知に変え続ける知的営みである、と考えられてきた。したがって、そうした分野の専門家にとっては、科学的知識の内容が常に更新されうることは、自明のことである。

しかし、平素における社会のなかで広く人々が科学に期待する役割は、防災の場面や未曾有の有事において、確たることを政治や社会へ教えてくれることだ。だからこそ、ほかに代えがたいご利益があると誰もが考える。この、社会が素朴に理解する科学と専門家が考える実際の科学の姿とのギャップが問題を生むのだ。そのギャップにわれわれがどれだけ自覚的になり、平時と有事といった場面の転換に応じて、科学と政治と社会が適切な向き合い方をできるのかが問われることになる。

専門家会議・分科会の第一人者である尾身、あるいは感染拡大の帰結に関する独自の試算を発表した西浦、非標準的な予測を代替的な知として提唱した中野、彼らはいずれもこのギャップに翻弄され、毀誉褒貶にさらされ続けたともいえよう。

人々は確たる知、何をすべきなのか、何をすべきでないのかを明らかに示してくれる科学的助言、あるいは天気予報のように多くの人々に理解、解釈可能な情報の提示を望んできた。しかし、新型コロナのような新興感染症では、科学者は明確な示唆的な助言はできない。「科学的予測が外れた」「そんなことは素人でもわかる」といった苦情を、専門家は甘受せざるをえない。こうしたことの繰り返しは、社会の科学への信頼を損なう。そして、専門家は何らかの特別な利害に忖度しているのではないか、本当は第一線の専門家ではないのではないか、だから適切な助言をしてくれないのではないかといった疑心暗鬼さえも生み出すのだ。

4　政治の迷走と経済の混乱――科学的予測の不在の帰結

予見可能性が失われたなかでの苦悶

新型コロナ・パンデミック下における日本国内の政治や経済は、以前からの慣習が通用しないことに翻弄され続けてきた。こうしたことは、2011年に発生した福島原発事故の収束作業においても顕著であった。そもそも日本の危機管理は、明確な目標や原則を打ち立てて各段階で何を行うべきか、各アクターがどのような役割を果たすのかをはっきりさせたうえで実務に取りかかるという戦略性が弱い。次々と生じる課題に対して「とりあえずなんとかする」ために「兵力の逐次投入を繰り返す」という、対策主義ともいうべき状況が生じる。これは日本社会あるいは日本の組織の弱点としてよく知られている点である。『失敗の本質――日本軍の組織論的研究』（戸部ほか［1984］）は多くの読者が知るところであろう。

それでも、新型コロナ・パンデミックについて、科学的知見を参照することで、ほかの災害と同等程度に事態の予見可能性が確保されれば、政治や経済に与えるインパクトは小さかったかもしれない。

実際のところ、経済については日本の実質ＧＤＰは２０２０年度においてマイナス４・６％、２０２１年に入っても７月から９月の第３四半期でマイナス３・６％に落ち込んだ。２０２１年の同時期において、アメリカはプラス２・０％、ＥＵがプラス９・１％を記録していることや、他方で日本の新型コロナの感染者数や死者数が他地域に比べてずっと低かったことに鑑みると、日本経済の数字は多くの人々に残念な結果と映ったに違いない。とりわけ、２０２１年第３四半期は、まさに1年間の延期を経てようやく開催された２０２０年オリンピック・パラリンピック東京大会の時期であり、本来は通常よりも良好な経済指標が期待されて然るべき時期であったことを考えれば、なおさらである。なお、無観客開催となったことによる経済損失は１４７０億円（木内［２０２1］）とも見積もられている。

ただし、ＧＤＰからうかがえる日本経済の落ち込みの一方で、いわゆる日経平均株価に代表される金融市場は好調を続け、失業率も欧米よりも有意に低い水準をパンデミック以前同様に維持し続けている。背景には、２０２０年度から21年度にかけて総額１２５兆円ともいわれる新型コロナ対策予算を政府が手当てし、財政出動をしたことや、欧米のように強制力のある、厳格ないわゆるロックダウン措置を発動せず、社会・経済活動に対する制約を最小限にとどめたことがあげられる。

このようにみれば、新型コロナ・パンデミック下における日本の経済対策は、一定程度は成功したとも主張できるかもしれない。

銀の弾丸の不在と人々の不満

しかし、実際には、中小企業のような財務上の体力の乏しい事業体、とりわけ新型コロナ・パンデミックの影響を大きく受けた飲食業、観光業、運輸業、その他のサービス業等、業態や業種に偏りを生じつつ、新型コロナ・パンデミックの経済への深刻な打撃は波及していった。また、家計においても、就労形態や家族の構成等により、社会的に弱い立場にある人々が、パンデミックの経済への打撃の影響を大きく被ることとなった。

こうしたなかで、政治は新型コロナを収束させる科学的解決策や具体的な収束時期を示すことはできなかった。いきおい、三密回避やマスク着用のような地道な感染対策が際限なく継続された。一方、ある意味ではこれらの対策が奏功したこともあって、感染者数や死者数は小さくとどまった。であればこそ、新型コロナの生命や健康へのリスクに対して不相応に経済活動を抑制し、過大に人々を経済的に苦しめる結果となったのではないかとの疑義が生じる。

また、オリンピック・パラリンピック東京大会を中止せず、無観客開催としつつも開催したことは、政府の道徳的地位を弱めた。興味深いのは、政府が主張したように、同大会の開催によって新型コロナ感染拡大が有意に生じたことを示すデータはなかったにもかかわらず、人々は不満を高め、

2021年9月の菅首相の退陣劇につながったことである。

そこで問われたのは、数量的な被害の多寡ではなく、市民が苦難の渦中にあるなかで大規模な社会的イベントを行うことの是非、あるいは、市民とりわけ子どもたちのスポーツを含む活動を制限しつつ、大会が華々しく開催されることの当否といった、すぐれて倫理的な疑義であった。

政治ジャーナリストによる評伝によれば、菅は2021年夏、低下する支持率を前に、ワクチン接種率の上昇、感染者数や死者数の抑制といった結果が出ているのに市民に理解されないと呻吟していたという。また、専門家が道徳的見地も踏まえてオリンピック・パラリンピック東京大会の開催に疑義を呈したことについても、なぜ科学的ではない態度を専門家がとるのかと不満を漏らしたとされる（柳沢［2021］）。まさに菅は最後まで、科学が確たる知を与え、それが、自らの政策を正当化し、政治的求心力にもつながることを信じていたともいえよう。

このように、科学がもたらすはずだと人々が期待した確たる知の不在は、新型コロナ・パンデミック下の経済・政治に対する社会の科学への信頼を大きく動揺させ、感染者数や死者数抑制という定量的な成功とは裏腹に、主観的な「失敗」経験の大きな部分を形成した。

5　新型コロナ感染症対応の教訓――ソーシャル・コンパクトを意識せよ

筆者が参加した、国際研究プロジェクトであるComparative Covid Response: Crisis, Knowledge, Policy（略称 CompCoRe）は、新型コロナ・パンデミックへの各国社会の対応の比較分析を進め、2021年1月の中間報告書において、次の六つの鍵を示した（Jasanoff et al.［2021］）。①成功と失敗は常に争われ、変化する。単一の尺度による測定を許さない。②パンデミックの危機にあっても、政治が政策を形成し、政策が政治を規定することはない。③ソーシャル・コンパクト（市民と国家、市民どうしの関係についての支配的な通念）がものをいう。④公衆衛生上の介入は二者択一であるべきではない。⑤雇用を守るべきであり、失業者の財布を守るべきではない。⑥新たなグローバリズムのもとでソーシャル・コンパクトは更新が迫られている。

注目されるのは、やはりソーシャル・コンパクトの概念である。ソーシャル・コンパクトは一般に知られる社会契約の考え方とも重なるもので、伝統的には政府と市民の関係、市民間の関係、法、規範、制度、権利・権限といった概念が連想される。民主主義は社会契約によって正当化されるといった用法は、この概念の提唱者であるジャン＝ジャック・ルソーの名とともに広く知られている。

しかしシーラ・ジャサノフらは、ソーシャル・コンパクトを憲法学者のように統治機構論から理解する、つまり法制度などの仕組みとして理解するのみでは足らず、認識上の権威と呼ばれる、誰が公共の意思決定のための信頼できる知識や根拠を提供できるのか、なぜそうなのか、という「問い」への答えを考えねばならないと主張する。つまり、ソーシャル・コンパクトは理由づけや正当化を必要とし、またそれらを社会に提供する、常に変化しうる動的なものである。

認識上の権威は普段は可視化されず、しかし当たり前のようにそれぞれの社会に存在している。そして、まさに今回のパンデミックのように不確実性が高く、専門家間で意見の相違があり、しかも事態が急を要するような場合に、どの、あるいは誰の専門知に依拠して物事を決めるかについて、各国はそれぞれの流儀を示すはずだというのである。つまり、こうした危機は認識上の権威についての「問い」を可視化する機会でもあると、ジャサノフらは主張する。

危機への対応における専門知の動員の仕方は、あらかじめ広く存在する規範に従うというだけではない。それが公式のものであれ非公式のものであれ、既存の制度に則って処理されるというだけでもない。本章でみた日本の新型コロナ・パンデミック対応における科学的助言のあり方のように、事態に直面して否応なく形成されるものである。しかし、そこにはなぜそのようなあり方でよいのか、市民が受け入れるのかどうかを支える認識上の権威に関する基本的な約束事があるはずなのだ。それは危機における参照点でもあるが、同時に更新の対象でもあり、実際に変化していくものである。相互作用性やダイナミズムを強調するのがジョサノフらの議論のオリジナリティであろう。

日本におけるソーシャル・コンパクトでは、科学が災害について確たる知を与えるという考えが強く社会を規定している。それは、パンデミック以前から社会に伏在しており、専門知のあり方を調律してきたものである。科学者や技術者や医療従事者などの専門家はこうした知を供給する助言者と目され、選択肢やアイデアや状況認識などについて社会の認識を広げて戦略的対処を助けることよりも、いち早く最適解を示して効率的な対処を促すことが求められてきた。逆にみると、専門家の権威は、社会に常に最適解を提供し続けることによって維持されてきたともいえる。

この見取り図のもとでは、市民も、国家も、市民どうしも、およそ社会における関係はいずれも、科学が与える確たる知を尊重し、それが導く解に向かって協調することを求められ、その意味では科学の前には皆が平等である。

しかし、こうしたソーシャル・コンパクトは、新興感染症災害のような非定型で過去の類例に乏しい災害の前には総崩れの様相を呈しかねない。なぜなら、科学が確たる知を与えるという最も基本的な前提が一挙に失われるからである。まさにジョサノフらが指摘したように、ここで認識上の権威に関する日本社会のソーシャル・コンパクトは可視化されたのである。それでは、その更新はどうだったのだろうか。未知への知的挑戦という作動中の科学を適切に用いて社会的危機に対処できるようにする方向にソーシャル・コンパクトは更新されたのであろうか。残念ながらまだその更新が十分ではないとするなら、日本の科学と政治と社会には、どのような働きかけや議論や行動が求められているのだろうか。新型コロナのパンデミックの発生から2年余りを経てわれわれに突きつけられたのは、こうした難問なのだ。

謝辞　本章の内容はCompCoReプロジェクトの成果を含む。同プロジェクトの研究資金出資者であるアメリカＮＳＦ（全米科学財団）や各国の研究資金配分機関には記して感謝申し上げる（完全なリストは文献一覧にある同プロジェクト中間報告書を参照されたい）。また，本章の執筆にあたっては，CompCoReプロジェクト日本チームの佐藤恭子氏（スタンフォード大学），田中幹人氏（早稲田大学）から多大なる協力を得た。あわせて深く感謝申し上げたい。

参考文献

稲葉寿［２０２０］「感染症数理モデルとＣＯＶＩＤ－19」武見基金ＣＯＶＩＤ－19有識者会議ウェブサイト，２０２０年12月18日掲載（https://www.covid19-jma-medical-expert-meeting.jp/topic/3925　２０２２年８月31日閲覧）。

木内登英［２０２１］「東京オリンピック・パラリンピック中止の経済損失１兆８千億円，無観客開催では損失１４７０億円」野村総合研究所　コラム　木内登英のGlobal Economy & Public Insight，２０２１年５月25日掲載（https://www.nri.com/jp/knowledge/blog/lst/2021/fis/kiuchi/0525　２０２２年８月31日閲覧）。

菅原慎悦［２０２１］「"-informed"の「ひと呼吸」を――予測の数値に一喜一憂しないために」関西大学編『新型コロナで世の中がエラいことになったので関西大学がいろいろ考えた。』浪速社，所収。

中央調査社［２０２１］「新型コロナウイルス感染症に関する意識調査」中央調査報（Ｗｅｂ版），（https://www.crs.or.jp/backno/No762/7621.htm　２０２２年８月31日閲覧）。

戸部良一・寺本義也・鎌田伸一・杉之尾孝生・村井友秀・野中郁次郎［１９８４］『失敗の本質――日本軍の組織論的研究』ダイヤモンド社。

柳沢高志［２０２１］『孤独の宰相――菅義偉とは何者だったのか』文藝春秋。

山猫総合研究所［２０２２］「CATs-QUICKが新型コロナウイルス感染症の第６波ピーク予測（東京都）を提供します」２０２２年１月25日（https://yamaneko.co.jp/news/2022-01-25/）。

Jasanoff, S., S. Hilgartner, J. B. Hurlbut, O. Özgöde and M. Rayzberg［2021］"Comparative Covid Response: Crisis,

Knowledge, Politics Interim Report," Harvard Kennedy School (https://compcore.cornell.edu/publications/　２０２2年8月31日閲覧).

Nakano,T. and Y. Ikeda [2020] "Novel Indicator to Ascertain the Status and Trend of COVID-19 Spread: Modeling Study," *Journal of Medical Internet Research*, 22 (11).

WHO "Avoid the Three Cs" (https://www.who.int/brunei/news/infographics--english　２０２2年8月31日閲覧).

第4章

気候変動災害
——災害リスクの認識はなぜ難しいのか

［松岡俊二］

はじめに

近年、日本では毎年のように集中豪雨による洪水や土砂崩れが発生している。信州伊那谷の美味しい干し柿である市田柿を作るには冬の厳しい寒さが不可欠だが、最近の信州の冬は暖かく、昔のような干し柿を生産することが難しくなっている。また、海水温上昇と海水酸性化による海洋環境の変化は、稚魚の餌場となる藻場(もば)を消失させる磯焼けを引き起こし、鮑や伊勢海老やサザエなどの磯根資源が減少し、日本の各地の漁港で水揚げされる魚の種類も変わってきている。

気候変動の影響と推定される事象が増加し、人々は気候変動問題を実感するようになった。しかし、日本はもともと自然災害の多い国土であり、気候変動は自然的変化と人為的変化の複合した問題であるため、人為的変化による気候変動には特有の「わかりにくさ」や「難しさ」がある。気候変動の「わかりにくさ」や「難しさ」は、序章においても述べたが、科学的予測が本質的に内包する不確実性とも強く関連している。

気候変動問題の「わかりにくさ」や「難しさ」や科学的予測の不確実性に対処するには、科学と政治と社会の協働が必要である。しかし、科学と政治と社会の協働を形成することは簡単でなく、科学も政治も社会もそれぞれが抱える自己変革への障壁はとても高く硬い。本章は、気候変動に対する科学と政治と社会の協働の事例として、イギリス政府やフランス政府が実施した気候市民会議という熟議型（参加型）アプローチに注目する。

最後に、日本は気候変動への危機感が薄く、気候変動対策への負担感が大きい社会であるといわれる状況を、バブル崩壊後の「失われた30年」の構造的問題として考える。バブル崩壊後の「失われた30年」、気づいてみると、日本はすっかり時代遅れの社会となっている。日本は、気候変動対策を一部の専門家や国に任せておけば何とかなるだろうという「安全神話」から脱却し、社会革新に挑戦する変革者＝境界知作業者を育成することが必要不可欠である。

1　気候変動とはどのような問題なのか

気候変動という問題の性質

気候変動は地球温暖化ともいわれるが、気候変動に伴う事象は世界平均気温の上昇だけではない。二酸化炭素の海洋吸収による海洋酸性化などの地球システム全体の変化を視野に含めることが重要であり、本章は地球温暖化ではなく気候変動という用語を主に使用する。

気候変動問題に対する国際協調の枠組みを定めた気候変動に関する国連気候変動枠組条約（UNFCCC、1992年制定）は、気候変動とは「地球の大気の組成を変化させる人間活動に直接又は間接に起因する気候の変化であって、比較可能な期間において観測される気候の自然な変動に対して追加的に生じるものをいう」（第1条）と定義している。

この定義には次の二つの重要な点が含まれている。

第1に、気候変動は化石燃料の利用や森林伐採などの人間活動に起因するものである。

第2に、気候変動は自然的変動に対して追加的に生じるものである。

気候変動は、すべての人間活動の基礎であるエネルギー（化石燃料）利用や土地利用に起因する。そのため、気候変動の要因は包括性と複雑性という特性を有し、このことが気候変動と影響（リス

図4－1　1850年以降の世界平均気温の変化

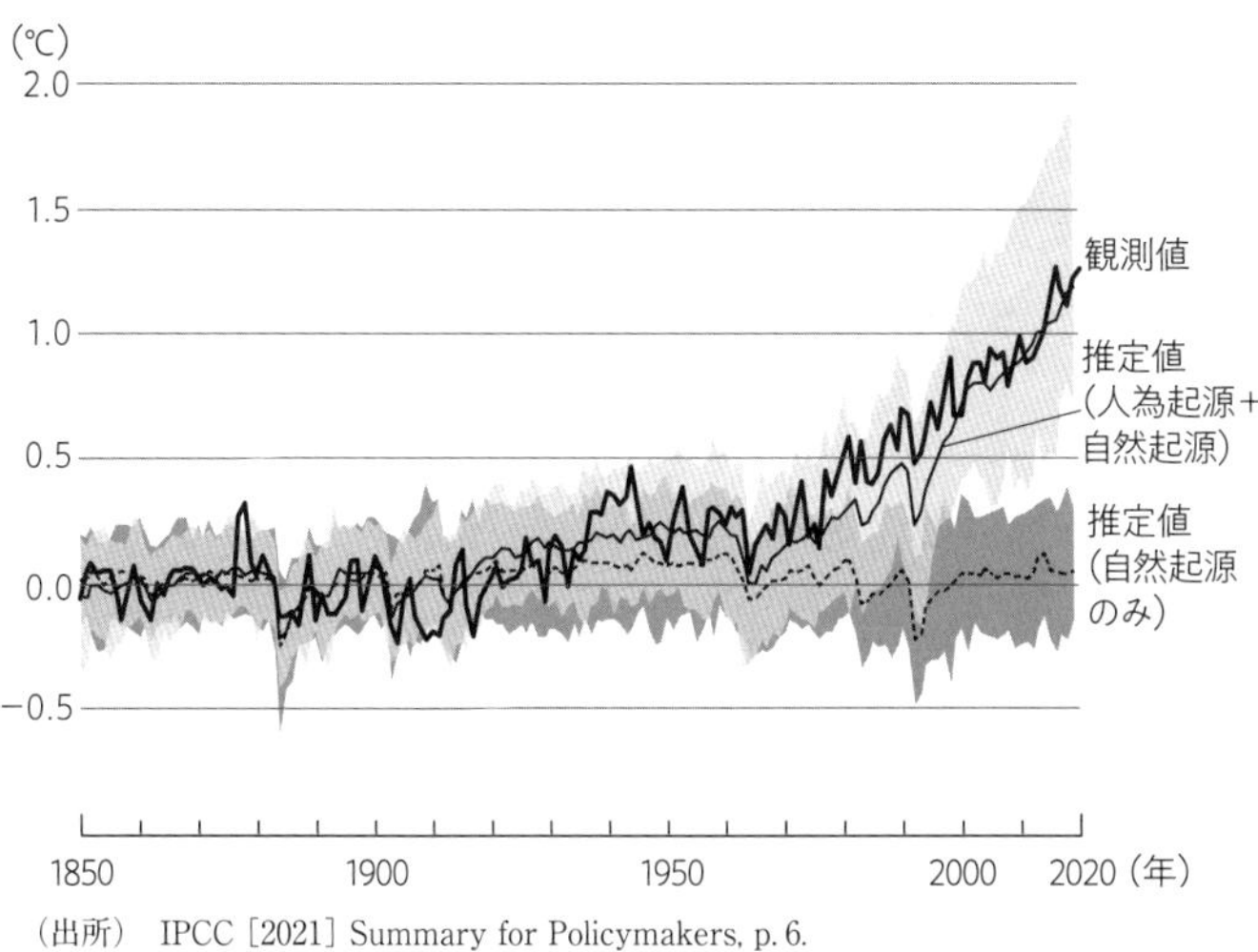

（出所）　IPCC［2021］Summary for Policymakers, p. 6.

ク）との因果関係の複雑性と曖昧性という「わかりにくさ」を生み出している。また、自然的変動に追加的に生じるという追加性は、気候変動のどこまでが自然的要因によるものなのか、どこからが人為的要因によるものなのかがわかりにくいという「難しさ」を生み出している。

気候変動の科学的認識について、IPCC（気候変動に関する政府間パネル）のこれまでの影響評価レポート（AR）は、次の四つの基本的ポイントを指摘している。

第1に、産業革命以来（1850年起点）の世界平均気温は長期的に上昇している。海洋域に対して陸域の気温上昇は1・4倍から1・7倍程度大きい。

第2に、産業革命前に比べ世界平均気温は

すでに約１・１℃上昇している。

第３に、世界平均気温が１・５℃より上昇すると、大きな気候変動が生じると予測される。第４に、大きな気候変動は、人間社会へ大きな影響とリスクを与えると予測される。

これら四つのポイントのなかで、第３点の１・５℃というリスク管理基準設定の重要性は、２０１８年のＩＰＣＣ『１・５℃特別報告書』によって科学的に明らかにされた。

図４－１に、１８５０年から２０２０年までの世界平均気温の観測値と自然的要因と人為的要因の推計値を示した。２０２１年のＩＰＣＣ『第６次影響評価報告書（ＡＲ６、ＷＧ１）』は、１８５０年以降の約１・１℃の世界平均気温の上昇分は、ほぼ人為的要因によるものと推計している。

気候変動の影響とリスク

気候変動の影響やリスクとは何を意味するのだろうか。気候変動の影響やリスクについて、気候変動をめぐる議論で使用されるハザード、脆弱性、暴露といった関連概念も含めて整理しておきたい。

まず、気候変動の影響とは、気候変動が自然システムおよび人間システムへ与える変化を意味する。日本の気候変動適応法（２０１８年制定）は「『気候変動影響』とは、気候変動に起因して、人の健康又は生活環境の悪化、生物の多様性の低下その他の生活、社会、経済又は自然環境において生ずる影響をいう」（第2条）と定義している。

気候変動の影響により、集中豪雨や洪水などが発生し、自然システムや人間システムに望ましくない物理的変化が生じることがハザードである。

ハザードの大きさは、気候変動という外的ショックに対する人間社会の抵抗力や適応力の弱さを示す脆弱性に依存する。すなわち、同じ程度の気候変動影響であっても、自然システムや社会システムとして脆弱な社会であれば、ハザードは大きくなる。

脆弱な自然システムとは、多様性の少ない生態系であり、外的ショックからの回復力が弱い自然環境システムである。脆弱な社会システムとは、所得や教育における社会的格差が大きく、価値観やライフスタイルに関する多様性が少ない社会である。

さらに、負の影響（悪影響）であるハザードを受ける空間に、自然システムや人間システムの資源や資産がどの程度あるのかを暴露という。

気候変動リスクとは、気候変動の影響とハザードと脆弱性と暴露との関係において生じる「望ましくない事象の大きさ」と「望ましくない事象の発生確率」の積として定義される。

ただし、社会における価値観の多様化によって、市民のリスク認識も多様化しており、「リスク＝ハザードの大きさ×発生確率」という工学的リスク概念だけでリスクを理解することは難しくなっている。たとえば、日本リスク研究学会が２０１９年に編集した『リスク学事典』は次のようにリスク学を論じ、リスク概念の多様性を説明している。

「リスクは不確実な未来に関わる。そして、リスクをリスクとして認識し、制御してみようという意志が生じて初めてリスク学が生まれる。リスクは守りたい何か、すなわち価値があって初めて生じる。その守りたい価値が多様であり、それらの価値を脅かすものも多様であるため、それらが掛け合わされるリスク学は多様たらざるをえない」（日本リスク研究学会編［2019］4頁）。

気候変動によって生じるハザードやリスクへの対応策は、次の二つの対策が重要である。第1は、エネルギー利用や土地利用などの人間活動によって発生する二酸化炭素やメタンなどの温室効果ガス（GHG）の削減対策である。これを緩和政策という。

第2は、人為的要因による気候変動と温暖化による影響はすでに起きており、ネガティブな影響への社会的適応能力の形成を進める対策である。これを適応政策という。

気候変動に対する政策は、緩和政策と適応政策を「車の両輪」として進めることが肝要である。緩和政策は、一部の国の温室効果ガスの排出削減では意味がなく、国際社会が協調して共同で排出削減を実施することが重要である。国際的な緩和政策には、何らかの制度的強制力によるフリーライド（ただ乗り）の防止が必要である。これに対し、適応政策は、先進国から途上国への資金移転という国際的協力枠組みが必要だが、各国の自然環境や社会環境の特性を踏まえた対策が重要であり、基本的にはそれぞれの国や社会の責任において実施すべき政策である。

2 気候変動問題の「わかりにくさ」と「難しさ」

気候変動リスクの特性

気候変動リスクには包括性、複雑性、曖昧性という特性があり、さらに気候変動の影響には追加性という特性がある。

こうした特性を有するリスクは、人々に「わかりにくさ」と「難しさ」を感じさせ、社会的認知が難しいといわれている。気候変動リスクに対処するには、科学と政治と社会が協働してリスク管理政策をデザインすることが重要であり、また、科学と政治と社会が協働することでリスク管理政策に対する社会的納得性の醸成が可能となる。

気候変動対策への社会的納得性を醸成するためには、気候変動問題に関する「問い」の立て方も重要である。気候変動対策に熱心な専門家の言説から、気候変動問題の「問い」の立て方について考えてみよう。

法哲学者・宇佐美誠は、2021年に出版された『気候崩壊——次世代とともに考える』において、気候変動問題こそ人類社会が最重要に取り組むべき課題だということを強調している。宇佐美は、気候変動問題と新型コロナ感染症を比較して次のように述べている。

「新型コロナはパンデミックなので、グローバルな問題です。しかし、これはさまざまな問題の一つです。そして、人類は遠からず、この問題をきっと克服するでしょう。それに対して、悪化の一途をたどっているグローバルな問題もあります。国際社会は、改善に向けて取り組んできたけれども、事態は現実には悪化しつづけてきた、そういう問題です。これが、気候変動なのです」(宇佐美[2021]5頁)。

リスク・コミュニケーション研究では、異なるリスクの比較は慎重にすべきと考えられている。たとえば、大気汚染物質である硫黄酸化物(SOx)とPM2・5(粒子状浮遊物質SPMのうち、直径が2・5マイクロメートル〔1マイクロメートル=0・001ミリメートル〕以下の物質)の健康リスクの比較は、同じ性格の大気汚染物質であるため比較可能である。また、比較をすることで大気汚染防止策の優先順位を議論することが可能となり、こうしたリスク比較は社会的に意味がある。

しかし、低レベル放射線による発がんリスクとタバコの喫煙による発がんリスクの単純な比較は、社会的に意味がない。なぜなら、低レベル放射線リスクは自発的なものではなく、自らコントロールすることが難しいリスクである。しかし、タバコの喫煙リスクは、喫煙者にとっては自発的なものであり、自らコントロールが可能なものである。これら二つのリスクに対する人々のリスク認識やリスクの性格は大きく異なり、二つのリスクの大小を比較することはきわめて慎重に考えなければならない。

同じように、新型コロナ感染症リスクと気候変動リスクは性格が大きく異なり、安易にリスクの大小を比較すべきでない。人類史は感染症の歴史ともいわれるように、仮に現在の新型コロナ感染症を人類社会が克服したからといって、人類が将来の新たなウイルスによるパンデミックを防止できる保証は何もない。

気候変動の専門家が、人類社会にとって気候変動が最重要課題だということを過度に強調しすぎることは、気候変動問題の「わかりにくさ」や「難しさ」を増幅させている。もちろん、個々の学者が自らの責任において、こうした主張をすることは当然の権利である。しかし、何を重要な社会課題だと考えるのかは、それぞれの市民の価値観やライフスタイルに依存する。多様性に価値を置く社会では社会課題に関しても多様な評価が存在することを、科学も政治も社会もすべての分野の人々が明確に認識すべきである。

気候変動の「わかりにくさ」と「難しさ」

気候変動という問題の「わかりにくさ」や「難しさ」は、多様でグローバルな課題の原因が気候変動であるという言説を、気候変動の専門家が展開してきたことにも一因がある。

多くのシリア難民がヨーロッパに殺到した難民問題の背景に、気候変動による環境悪化が存在することが、カリフォルニア大学サンタバーバラ校のコリン・ケリーが２０１５年の『アメリカ科学アカデミー紀要』に発表した1本の論文に依拠して主張されている。気候変動とシリア難民の議論は、2016年にイギリスのチャールズ皇太子が取り上げ、同年のアメリカ大統領選挙でも議論され、世界的に有名な物語となった（Kelly et al.［2015］）。

環境経済学者・明日香壽川は2021年に出版された『グリーン・ニューディール——世界を動かすガバニング・アジェンダ』のなかで、気候変動とシリア難民について次のように書いている。

「温暖化が風の流れを変えることによってシリア地域の降雨量を減少させ、高温が土壌水分を喪失させた。このため2006〜10年に史上最悪と言われる干ばつが発生し、アサド政権が水を大量に必要とする綿花栽培を奨励していたことも重なって、地下水の枯渇、農業生産量の3分の1減少、ほぼすべての家畜の喪失、穀物価格の高騰、栄養不良による子どもの病気蔓延が起きた。その結果、すでにイラク難民であふれていた国境沿いの都市に150万人以上のシリア農民が新たに国内難民として流入し、まさにそのような都市で2011年の『アラブの春』につながる反政府革命暴動が勃発した」（明日香［2021］23頁）。

「この因果関係の説明のロジックに関しては、単純すぎるという批判も少なくなかった。したがって、単なる『要因』ではなく、『拡大要因（マルチプライヤー）』や『底上げ要因』という言葉を使う研究者が今は多くなっている。そうは言っても、この因果関係は、日本でもかつての農民一揆が干ばつや冷害が要因となっていることを考えれば、それほど違和感なく理解できるはずだ」（明日香［2021］23～24頁）。

江戸時代の干ばつや冷害による農民一揆まで持ち出して、気候変動とシリア難民問題の関連性が議論されている。こうしたシリア難民問題などのグローバルな課題の原因は気候変動であるという言説は、気候変動問題の「わかりにくさ」を増幅している。

もちろん、あらゆる社会課題は複雑で曖昧な要因が多様に絡み合っており、気候変動も要因の一つとして難民問題に関連することは自明である。だからといって、気候変動がシリア難民問題に関連することを根拠に、気候変動が最も重要なグローバル課題であると主張することには慎重かつ冷静でありたい。シリア難民問題の主要な要因は、アサド独裁政権の苛斂誅求（かれんちゅうきゅう）な統治であり、ロシアによるアサド独裁政権の軍事的・経済的支援であることは明白である。

われわれが暮らす地球社会には、地震・津波といった自然災害問題もあれば、雇用や年金といった社会経済問題もあり、核兵器の廃絶や侵略戦争の予防といった平和や安全保障をめぐる問題も存在している。人類社会が持続可能であるためには、それぞれの国家や社会の責任において、あるいは国際的協調を通じて、さまざまな社会課題に対応していかなければならない。

気候変動は国際社会が取り組むべき大きな課題であるが、唯一最大の課題ではない。科学者は課題の研究を冷静に行い、複数の選択肢の提案を含めた科学的助言を行い、科学と政治と社会の協働による「対話の場」＝「学びの場」の形成に貢献していくことが求められる。こうした科学者が、

「他者の靴を履く」＝「自分の靴を脱ぐ」というエンパシー能力や2・5人称の視点を身につければ、科学と政治と社会を媒介する境界知作業者としての役割も果たすことができる。

なお、科学と政治と社会の協働による「対話の場」＝「学びの場」の形成の必要性や重要性については、本書の第8章で論じる。また、エンパシー能力や2・5人称の視点を持った境界知作業者の災害対策における重要性は、終章において詳しく論じる。

3　トランス・サイエンス的課題としての気候変動問題

トランス・サイエンス的課題とは何か

気候変動をどのような性格の問題として把握すればよいのだろうか。本章は、気候変動問題をトランス・サイエンス的課題として把握することの重要性や必要性を考えたい。

序章で述べたように、トランス・サイエンス的課題は、マンハッタン計画にも参加したことのあるアメリカの高名な核物理学者アルヴィン・ワインバーグが、1972年に提起した。「科学に問うことはできるが、科学によって答えることはできない」問題が、トランス・サイエンス的課題である。ワインバーグは、低レベル放射線による健康リスク問題や稀にしか発生しない大規模な原子力発電所の事故リスク問題などを事例とし、こうした科学技術リスクは科学の研究テーマだが、科学研究だけでどのようなリスク管理政策が社会的に合理的なのかを決定することはできないとした。

この点は、科学の本質とも関わる。たとえば、2013年から16年に欧州連合の科学委員会委員長を務めた物理学者で生態経済学者のシビル・フォン・デ・ホーベは、科学研究とは「なぜ世界がこのように存在するのか」を説明することであり、「世界がどうなるのかという予測」は、科学研究としては二次的なものとしている。ホーベは、「知的好奇心に基づく科学のための科学」と、「社会的課題を解決する行動のための科学」を区別し、「社会的課題を解決する行動のための科学」という科学者の動機が、科学と政治と社会の協働につながると指摘した（Van den Hove［2007］）。

ホーベの「科学のための科学」と「行動のための科学」という区別は、ワインバーグが1972年の論文で書いた「科学者は、どこまでが科学の領域で、どこからは科学を超えたトランス・サイエンスの領域であるのかを明確に認識しなければならない」と呼応する。また、科学者が純粋に知的好奇心に基づいて研究が遂行できた「科学の共和国」（暗黙知で有名なマイケル・ポランニーの言葉）の時代が終焉し、20世紀後半の科学の産業化やリスクの社会化の進展とともに、科学者の社会的位置や役割も必然的に変化せざるをえなかった。

しかし、科学者は科学の商業化であるアカデミック・キャピタリズムに翻弄されるだけでなく、科学の独立性や中立性を貫きつつ「社会のための科学」のあり方を追求する知的営為も持続していることを忘れてはいけない。

トランス・サイエンスの時代における科学者の社会における立ち位置や役割については、アメリカのコロラド大学の環境科学者ロジャー・ペルキー・ジュニアが提示した以下の4類型が参考になる（Pielke［2007］）。

第1は、政治や社会には何の関心も払わない「純粋な科学者」（pure scientist）である。

第2は、専門的論文を公表することで政治や社会と関わる「科学の仲介者としての科学者」（science arbiter）である。政治や社会からの問い合わせに対して、ホテルのコンシェルジュのように科学研究の状況を説明するが、どのような政策決定が望ましいのかには触れない。

第3は、自らの科学的成果や主張を実現するために、政府や社会の特定のステークホルダーと結びつく「論点主義者（issue advocate）としての科学者」である。論点主義者は自らの科学研究に基づき、政策の提案を行い、しばしば政治権力と結びついて政策決定に関与する。

第4は、政治や社会における多様なステークホルダーに対して、科学研究に基づく複数の選択肢を示し、多様な関係者とともに考える「誠実な政策仲介者（オネスト・ブローカー：honest broker）としての科学者」である。

ペルキーは、複数の選択肢を示し、科学と政治と社会が協働してリスク管理政策をともに考え、対話することを促す触媒機能や仲介機能を果たすオネスト・ブローカーとしての科学者の重要性と必要性を論じた。ペルキーの「誠実な政策仲介者（オネスト・ブローカー）としての科学者」は、終章で述べる科学と政治と社会を媒介する境界知作業者と同じである。また、序章でも述べたように、トランス・サイエンス的課題は第5章で述べる「厄介な問題」と同じ性格のものである。

科学の限界と科学的予測の不確実性

気候変動とトランス・サイエンス的課題との関係を考える際、次の2点についても考えておきたい。

第1は、特定分野の専門知だけで課題をみると、何がわかっていないのかがよくわからない、あるいは何が問題なのかがよくわからないという問題である。

第2は、どのような条件や要因を重視するのかによって、科学的予測の結果には大きな幅があるという認識論的不確実性という問題である。

第1の何が問題なのかがよくわからないという問題（unknown unknowns）は、専門家が特定の専門分野の知識体系によってリスク問題を切り取ってしまうことによって生じる（序章参照）。気候変動リスクは、複雑性や曖昧性などの特性を持つが、専門家は特定の専門分野の視角から問題を把握し、問題の本質がわかったかのように錯覚することがある。

1986年4月のチェルノブイリ原発4号機事故によって、イギリスのイングランド北西部の湖水地帯で有名な観光地のあるカンブリア州の牧羊農家は、牧草のセシウムを中心とした放射能汚染という問題に直面した。イギリス政府は放射線科学の専門家をカンブリア州へ派遣し、牧草の放射能汚染に関する実態調査が行われた。しかし、派遣された専門家は、牧羊農家と対話することはなく、牧羊農家が持っている詳しい地形や地質の化学的特性に関する情報を無視した。

その結果、1957年のウィンズケール（現在のセラフィールド）原発の火災事故（国際原子力・放射線事象評価尺度でレベル5と評価）による放射能汚染についても知らないまま、専門家は汚染状況とリスク対策に関する判断を下した。牧羊農家は専門家への不信感を募らせることになり、イギリス政府も後にカンブリア州へ派遣した専門家の決めたリスク対策の修正を余儀なくされた。

第2の科学的予測の認識論的不確実性については、序章でも述べたが、気候変動は実験が不可能な事象であり、気候モデルによるシミュレーションに依拠せざるをえないことに起因する。同じ地球科学分野の科学者においても、気候モデルの選択や雲の発生などに関するパラメーターの係数選択の違いによって予測結果には大きな幅があり、結果の解釈においても異なる認識が存在する。

科学的予測の認識論的不確実性は、科学研究では制御できない問題であり、社会的に制御するしかない。社会的制御のためには、科学的予測の幅やそれぞれの根拠を、社会へわかりやすく情報公開することが重要である。こうした科学的予測の幅に関する情報公開を促進することは、科学的信頼を担保することにつながり、災害対策や避難計画への社会的納得性の醸成にもつながる。

気候変動研究においても、特定の専門知だけでは何が問題なのかがよくわからないという問題や専門知の認識論的不確実性という問題が存在する。気候変動はトランス・サイエンス的課題であるとの認識を踏まえた災害対策アプローチが必要とされている。

4　気候変動政策をめぐる科学と政治と社会

トランス・サイエンス的課題としての気候変動へ対処するには、科学と政治と社会の協働による「対話の場」＝「学びの場」の形成が問われる。「対話の場」＝「学びの場」の形成によって、気候変動政策に対する社会的納得性が醸成される。それでは、トランス・サイエンスの時代において、気候変動における科学と政治と社会の関係性をどのように考えればよいのだろうか。

ＩＰＣＣとＣＯＰの役割

気候変動政策をめぐる科学と政治と社会の関係について、ＩＰＣＣとＣＯＰの性格や機能について考えてみよう。なお、ＣＯＰは国際条約の締約国会議を意味し、気候変動枠組条約だけでなく、生物多様性条約や砂漠化対処条約などの多くの国際条約においてＣＯＰが開催されている。気候変動枠組条約では、２０２１年11月にイギリス・グラスゴーでＣＯＰ26が開催された。

気候変動問題の科学的認識の形成や世界へ警鐘を鳴らすことにおいて、ＩＰＣＣの影響評価報告書（AR）はきわめて大きな社会的役割を果たしてきた。ちなみに、最初の『第1次影響評価報告書』（AR1）は1990年に公表され、最新の『第6次影響評価報告書』（AR6、WG1）は2021年8月に公表されている。

IPCCの影響評価報告書（AR）のなかでも、2018年に公表されたIPCC『1・5℃特別報告書』の社会的インパクトは大きかった。2015年のCOP21で採択されたパリ協定では、「世界全体の平均気温の上昇を工業化以前よりも2℃高い水準を十分に下回るものに抑えること並びに世界全体の平均気温の上昇を工業化以前よりも1・5℃高い水準までのものに制限するための努力を……継続する」（第2条）とされていた。パリ協定では、産業革命以降の気温上昇を1・5℃に抑えることは努力目標であった。

しかし、2018年の『1・5℃特別報告書』は、1・5℃上昇の気候変動リスクと2℃上昇の気候変動リスクの科学的比較衡量を行った。その結果、1・5℃リスクと2℃リスクの影響やハザードが、豪雨災害や熱波災害などにおいて大きく異なることを明確にし、1・5℃を目標とすることの重要性と必要性を世界に知らしめた。

気温上昇（1・5℃、2℃、4℃）と陸域における10年に1回の大雨の頻度と強度の増加についてみると、以下のようになる。10年に1回の大雨は、1850年から1990年の期間と比較し、1・5℃上昇により、頻度で1・5倍、強度で10・5％の増加と予測された。これに対して、2℃

上昇では、頻度は1・7倍、強度は14・0%の増加と予測された。2℃上昇におけるリスクの影響とハザードは、1・5℃上昇のリスクを明らかに上回ると予測された。

この2018年の『1・5℃特別報告書』が前提となり、21年11月にイギリス・グラスゴーで開催されたCOP26で採択されたグラスゴー気候合意では、以下のように記述されている。

「世界全体の平均気温の上昇を工業化以前よりも2℃高い水準を十分に下回るものに抑えること、およびその気温上昇を工業化以前より1・5℃高い水準までのものに制限するための努力を、この努力が気候変動のリスクおよび影響を大幅に軽減することを認めつつ、継続するという世界全体の長期的な目標を再確認する。気候変動の影響は、1・5℃の気温上昇の方が2℃の気温上昇に比べてはるかに小さいことを認め、気温上昇を1・5℃に制限するための努力を継続することを決意する。また、世界全体の温暖化を1・5℃に制限するためには、世界全体の温室効果ガスを迅速、大幅かつ持続可能的に削減する必要があること（2010年比で2030年までに世界全体の二酸化炭素排出量を45%削減し、今世紀半ばごろには実質ゼロにすること、およびその他の温室効果ガスを大幅に削減することを含む）を認める」（UNFCCC［2021］）。

2021年のグラスゴー気候合意によって、世界平均気温の上昇を1・5℃に抑制することが明確な国際目標として設定された。

このように理解すると、IPCCは、ペルキーのいうオネスト・ブローカーとしての科学者の社会的役割を、COPという国際政治の交渉の場において効果的に実行したと評価できる。

IPCCは認識共同体（epistemic community）なのか

ところで、IPCCは、国際政治学者ピーター・ハースが提唱した国際環境条約の有効性に関する仮説である認識共同体なのだろうか。ハースは、国連環境計画（UNEP）が世界の13海域において実施している海洋汚染対策のなかで、最も成功したといわれる地中海行動計画を分析した。ハースは、フランス、イタリア、スペインなどの海洋科学者が国境を越えて形成した科学者コミュニティが、地中海汚染の因果関係に関する共通の科学的認識を形成し、この共通の科学的認識に基づき、各国の政策担当者に科学的助言を行ったことが、汚染削減の大きな成功要因であったとした。ハースは、国境を越えた科学者による共通認識の形成の「場」を認識共同体と名づけ、こうして認識共同体が形成され、有効に機能するかどうかが、国際環境条約の成否の重要な要因であるとした（Haas [1990]）。

IPCCは、1988年に世界気象機関（WMO）とUNEPによって設立された。現在の参加国は195カ国、事務局はスイス・ジュネーブにある。各国の政府から推薦された科学者が参加し、地球温暖化に関する科学的・技術的・社会経済的評価を行い、AR6などの気候変動の影響評価報告書をまとめている。しかし、IPCCには各国の政府関係者も影響評価報告書の作成・決定に参画しており、科学者だけの共同体ではない。

この点からは、IPCCは認識共同体ではないが、むしろIPCCは科学者だけでなく各国の政策担当者も含むことで、認識共同体よりも影響力の強い科学的助言を世界の政治と社会に対して行うことが可能であったといえる。

しかし、COPなどの国際交渉を通じた気候変動政策の形成における政治と社会との関係では、市民社会（NPOなどの市民組織）は、もっぱら圧力や批判を行う役割を担ってきた。国際的な政策形成だけでなく、各国の気候変動政策の形成過程においても市民社会の役割は圧力と批判が中心であり、気候変動政策の複数の選択肢に関する「対話の場」＝「学びの場」の形成は限定的であった。

5　気候市民会議というアプローチ

イギリスの気候市民会議

近年、ヨーロッパでは一般市民を無作為抽出した気候市民会議を設置し、気候変動政策について市民サイドから提言する試みが広がっており、今後の展開が注目されている（三上［2022］）。

イギリスでは、2019年6月にイギリス議会下院の六つの委員会により気候市民会議の創設が提案された。イギリス気候市民会議は、無作為抽出によって選ばれた16歳から79歳までの108人

気候市民会議の様子（Climate Assembly UK ウェブサイト）

の市民によって、２０２０年1月から5月にかけて6回開催された。

気候市民会議への参加を前に、ニューカッスルの46歳の男性は次のように語っている。

「気候市民会議の手紙を受けとったとき、宝くじに当たったように感じました。私が発言の機会を得て、将来に起こることについて影響を与えるということに大変興奮しました。参加しないという選択肢はありえませんでした。私は、22年間、軍隊にいたので、今回の気候市民会議に参加し、新しい人々と出会い、新しいことを学ぶことを本当に楽しみにしています。イギリスのより良い未来への変化を創り出す主要な役割を果たしたいと考えています」（Climate Assembly UK [2020a]）。

実際の気候市民会議の企画運営は、実績のある複数のＮＰＯが共同で受託し、議会が指名した4人の専門家が実行委員会を形成した。実施経費は54万ポンド（約７３００万円）で、議会予算と民間財団からの寄付によって賄われた。

イギリス気候市民会議は、①運輸交通、②家庭での熱・エネルギー利用、③消費、食と農業、土地利用という三つのテーマを中心に議論が行われた。議論は、情報専門家からのテーマに関する情報の提供、意見発表者（専門家）からのテーマに関する特定の見解発表を踏まえ、8人程度の小グループの市民で討議を行い、市民の投票によって意見集約が行われた。

2020年9月10日に公表された550頁におよぶイギリス気候市民会議の報告書は、①対策の基本原則、②陸上交通、③空の交通、④家庭での熱・エネルギー利用、⑤食と農業・土地利用、⑥購買・消費、⑦電力、⑧温室効果ガスの吸収、⑨COVID-19と排出実質ゼロへの道筋、という九つの提言を、イギリス議会下院に対して行った。

たとえば、「②陸上交通」では、専門家から、⑴電気自動車への急速な転換、⑵電気自動車への転換と自動車利用削減の組み合わせ、⑶すべての交通手段による移動量の削減、という三つの政策シナリオが提案され、市民による討議と投票が行われた。その結果は、⑴が49%、⑵が34%、⑶が17%であった。イギリス気候市民会議の参加市民の83%は、電気自動車への急速な転換政策と自動車利用の削減政策を求めた。

気候市民会議の有効性

イギリス気候市民会議の提案が、政治（イギリス議会）にどの程度反映され、政策にどの程度結びついたのかについては意見が分かれる。たとえば、イギリス気候市民会議の4名の実行委員の一人であったランカスター大学の環境政策学者レベッカ・ウィリスは、従来の気候変動対策の抱える基本的問題として、満足感の誤謬とステルス戦略という2点を指摘し、こうした「失敗」を回避する可能性を気候市民会議に見出している。

満足感の誤謬とは、化石燃料利用や航空機利用といった既存産業や既得権益との対立を回避し、再生可能エネルギー利用の拡大といった取り組みを進めることで「やっている感」を得ることで満足してしまうことである。また、ステルス戦略とは、科学者や専門家が正しい気候変動対策を決め、市民が知らない間に対策を実施すれば、気候変動問題は解決するという考え方である。

これら二つの点のうち、第2点の気候変動という長期の構造的な問題に対するステルス戦略という「失敗」を回避する方法として、気候市民会議という直接民主主義的アプローチは重要である。しかし、108人の市民による6回の議論という一過性の取り組みだけでは不十分である。多様なレベルの多様な形式の気候市民会議の継続的な展開が必要であろうし、市民会議においては気候変動だけをアジェンダ（議題）にする必要もない。

第1の満足感の誤謬という「失敗」を回避する方法としても、気候市民会議というアプローチは有効である。とくに、多様な専門家が、情報専門家としてあるいは意見発表者として、気候市民会議に関与した点は、専門家にとっても、市民にとっても有効であったと考えられる。専門家も市民も、科学と政治と社会の協働のあり方について社会的学習を行うことができた。しかし、満足感の誤謬という「失敗」を回避するためには、一過性の気候市民会議では不十分である。今後は、あまりコストのかからない多様な形態で市民会議を継続することが重要である。

さらに、第1の満足感の誤謬という「失敗」および第2のステルス戦略という「失敗」を回避するためには、フランスの公開討論国家委員会（CNDP）のような参加や熟議の制度化も必要である。また、議会制民主主義の行き詰まりや機能不全を直接民主主義的方法によって補完するだけでなく、選挙制度や議会制度などの間接民主主義そのものの制度改革も重要である。

ともあれ、石炭火力発電所の段階的削減やガソリンなどの内燃機関自動車の販売を35年までに禁止するという有志連合協定を、グラスゴーCOP26において強力に推進したボリス・ジョンソン首相（当時）の背後には、イギリス気候市民会議の議論や提案が存在することを忘れてはならない。

6　気候変動と日本社会

気候変動への危機感の薄い日本社会

気候変動への危機感の薄さや気候変動対策への負担感の大きさが日本社会の特徴としてしばしば指摘される。まず、日本社会の気候変動への危機感の薄さについて考える。

国立環境研究所の江守正多は、２０２１年11月の『日本経済新聞』のインタビューで以下のように語っている。

「気候変動の危機感は日本では人々に伝わっていない。もともと災害が多く、大雨が続いてもインパクトが小さかったり、災害のニュースで気候変動の影響や脱炭素の重要性を強調しなかったりすることが要因として挙げられる。日本では気候変動の対策を『我慢や不便』として捉え、負担と感じやすいことも背景にある」（江守［２０２１］）。

日本を代表する気候変動ＮＰＯの気候ネットワーク・国際ディレクターとして活躍してきた平田仁子は、２０２０年の『環境情報科学』に掲載された論文で次のように述べている。なお、２０２１年12月25日、平田は気候ネットワークを退職している。

「日本の気候変動問題への危機感や関心に世界平均と比べて興味深い違いが認められる。まず、『気候変動をどのくらい心配しているか』との問いには、『大変心配している』と回答した人は世界平均では78・24％であるのに対し、日本は44％にとどまっており、……『あなたにとって気候変動政策はどのようなものか』との問いには、世界平均では『生活の質を改善するもの』と回答した人が60％であり、『生活の質を脅かすもの』と回答した人は26・75％であったが、日本では、『生活の質を脅かすもの』と答えた人が60％と高く、『生活の質を改善するもの』と答えた人はわずか17％である」（平田［２０２０］49頁）。

江守や平田が指摘する日本社会の気候変動への危機感の薄さや気候変動政策に対する負担感の大きさを、どのように考えればよいのであろうか。もともと自然災害の多い災害大国・日本では、自然災害の多さや防災対策へ人々の意識が向いても、気候変動による災害として意識することは少ないのかもしれない。

しかし、平田は同じ2020年の論文で、日本の子どもたちの気候変動に関する知識について、次のように書いている。

「気候変動政策・地球温暖化に対する関心は、内閣府の世論調査の経年変化も見ても一貫して極めて高い水準にある。今日、子どもたちは、気候変動・地球温暖化について初等教育から学び、その要因や影響、条約や議定書についても学習しており、基礎的な知識は習得している」（平田［2020］48～49頁）。

だとすると、「知識はあっても危機感はそれほど高くない」ことが問題なのだろうか。環境意識や環境配慮行動に関する社会心理学などの研究では、環境問題に対する知識があることによって、人々の環境意識が形成され、最終的に人々の環境配慮行動につながると考えられているが、日本社会における気候変動問題は例外なのだろうか。

ここで、江守の『日本経済新聞』のインタビューのように、「欧州のように国民の多数が関心を持ち、政治の争点になることは日本では想像しにくい。……日本の気候変動政策は国民の問題意識ではなく、諸外国からの外圧で変わってきた」といってしまうと、思考停止する。

気候変動に関する科学的知識はあるが意識や行動には結びつかないということは、社会科学的には、環境意識や環境行動に結びつく社会的回路が閉ざされている、あるいは意識醸成や環境配慮行動を促す社会的制度が形成されていないと考えるのが合理的である。

日本の市民からすると、科学と政治だけの「対話の場」で、一方的に気候変動政策が決められているとの思いが強いのではなかろうか。とくに、日本のように市民の気候変動に対する知識はあるが、危機感に乏しく、気候変動政策への負担感の大きな社会においては、気候変動政策に対する社会的納得性の醸成がとても重要である。

江守のいうように「関係者の納得感を得ながら気候変動政策を進めるためには国民に議論を開くことが重要」なのである。科学と政治と社会との協働による、丁寧な段階的な多様な「対話の場」＝「学びの場」の形成が、気候変動政策に対する社会的納得性の醸成につながる。

気候変動対策への負担感の大きい日本社会

日本社会の特徴とされてきた気候変動への危機感の薄さは、気候変動を「自分ごと」とする社会的機会が不足していることに起因し、市民に開かれた気候変動政策の議論が必要なことを指摘した。この点は、イギリスやフランスの気候市民会議といった熟議型（参加型）アプローチを参考にすべきである。

もう一つの日本社会の特徴は、気候変動対策への負担感の大きさである。平田が指摘しているように、世界では気候変動対策は生活の質を改善するものと考える人が6割であるのに対し、日本では気候変動対策は生活の質を脅かすものと考える人が6割と、真逆な状況である。

気候変動対策は、カーボン・ニュートラルな持続可能な世界を創造する多様な取り組みであり、その実現には技術イノベーションと社会イノベーションが不可欠である。しばしばいわれるように、石器時代は原材料の石がなくなったから青銅器時代・鉄器時代へ移行したのではない。われわれは石炭が枯渇するから脱炭素へと移行するのではなく、脱炭素社会の創造がより良い持続可能な社会の創造であるから、そのためにイノベーションに挑戦するのである。

イノベーション研究の元祖ジョセフ・シュンペーターは、イノベーションは経済成長や社会発展の原動力であり、技術的革新による新製品の開発もあれば、社会課題の解決に資する社会制度の創造などの社会的革新もあることを強調した。経営学の父ピーター・ドラッカーは、新聞や保険の発明をイノベーションの典型的事例としてあげた。イノベーションの本質は人類社会が直面する課題を解決する革新的手法であり、その手法には技術アプローチもあれば、社会的アプローチもある。むしろ、気候変動も含めた多くの社会的課題の解決には、技術イノベーションと社会イノベーションの両方が「車の両輪」として必要である。

気候変動対策は生活の質の改善につながるという世界の認識と異なり、日本社会が気候変動対策を負担と感じ、生活の質を脅かすものと感じるのは、日本でイノベーションが生まれにくくなっている状況や革新への挑戦が乏しいことと表裏一体である。

日本政府は永らく科学技術立国を掲げてきたが、日本の科学技術力の国際的存在感は低下している。文部科学省の科学技術・学術政策研究所が2021年8月にまとめた報告書では、科学論文の影響力や評価を示す指標で、日本はインドに抜かれて世界第10位に落ちている。日本の科学技術力の低迷は最近始まったことではない。各種の国際ランキングの推移をみると、国立大学の法人化が実施された2004年ごろから急落している。1980年代から90年代前半は、科学論文の影響力や評価を示す指標で、日本はアメリカ、イギリスに次ぐ第3位を維持していた。しかし、1994年にドイツに抜かれ、2005年には第4位になり、その後順位を落とし続け、ついにインドに抜かれ第10位になった。

また、他国に比べて目立つのが、将来の研究開発を下支えする博士号取得者数の減少である。アメリカや中国はその数を伸ばしており、イギリスや韓国も2000年度に比べて2倍超となっている。ドイツやフランスも横ばい水準を維持している。一方、日本では2006年度の約1・8万人をピークに博士号取得者の減少傾向が続いており、近年は約1・5万人で推移している。

2016年のノーベル生理学・医学賞を受賞した大隅良典は、2021年10月、雑誌のインタビューで、日本の科学技術力の衰退について次のように語っている。

「いろいろ問題はありますが、社会全体の問題なのではないでしょうか。科学だけがすごく伸びやかな社会というのはありません。やはり日本の社会全体が余裕を失ったのだと思います。経済的に余裕を失い、社会全体が内向きになった」（大隅［２０２１］）。

日本の科学技術力や大学の研究力の衰退は、バブル崩壊後の「失われた30年」といわれる日本の政治、経済、社会そのものが抱える構造的問題である。

バブル崩壊後の「失われた30年」が経過し、「選択と集中」の名のもとに基礎的な学術研究経費の削減を進め、他方でムーンショット型研究開発などの科学技術・イノベーション計画に多額の研究資金を投入してきた。そして気づいてみると、日本は世界からすっかり周回遅れとなり、時代遅れな社会となっている。

今また、世界最高水準の研究力を目指す大学に10兆円規模の大学ファンドで支援するという国際卓越研究大学法が、２０２２年5月18日に成立した。日本社会は「失われた30年」の「失敗」から何を学んだのだろうか。確かに資金は必要であるが、新たな知恵を創造する仕組みのないところにいくら資金を投入しても、イノベーションは起こらない。科学と政治と社会の協働による裾野の広い多様な変革への挑戦がイノベーションの源泉である。

最後に、作家・高村薫が平成の最後に語った変革者＝境界知作業者の重要性を訴える言葉で本章を終えたい。

「平成は、阪神淡路大震災や東日本大震災をはじめ未曽有の自然災害が頻発した時代だが、振り返れば、大都市神戸が震災で火の海になっても、あるいは東北沿岸で1万8千人が津波にのまれても、またあるいは福島第一原発が全電源を失って爆発しても、日本社会の思考停止は基本的に変わることがなかった。

復興の名の下、被災地では大量のコンクリートを投じた巨大堤防の建設が進み、原発は各地でなおも動き続け、いつの間にか持続可能な新しい生き方へ踏み出す意思も機会も見失って、私たちはいまに至っている。

……平成が終わって令和が始まるいま、何よりも変わる意思と力をもった新しい日本人が求められる。どんな困難が伴おうとも、役目を終えたシステムと組織をここで順次退場させなければ、この国に新しい芽は吹かない。常識を打ち破る者、理想を追い求める者、未知の領域に突き進む者の行く手を阻んではならない」（高村［2019］）。

参考文献

明日香壽川［2021］『グリーン・ニューディール――世界を動かすガバニング・アジェンダ』岩波書店。

宇佐美誠［２０２１］『気候崩壊――次世代とともに考える』岩波書店。

江守正多［２０２１］「日本の気候変動対策『負担、感じやすく』」『日本経済新聞』２０２１年11月26日付。

大隅良典［２０２１］「『大隅先生、日本の科学は死んでしまったんですか？』ノーベル賞学者に聞く、日本の科学の行方」『Business Insider』２０２１年10月27日（https://www.businessinsider.jp/amp/post-24530　２０２２年８月31日閲覧）。

鬼頭昭雄［２０１５］『異常気象と地球温暖化――未来に何が待っているか』岩波書店。

コリンズ、ハリー＆ロバート・エヴァンズ（奥田太郎監訳）［２０２０］『専門知を再考する』名古屋大学出版会。

高村薫［２０１９］「思考停止、変える力を」『朝日新聞』２０１９年４月30日付。

日本リスク研究学会編［２０１９］『リスク学事典』丸善出版。

平田仁子［２０２０］「日本における気候変動・地球温暖化に対する意識」『環境情報科学』第49巻第2号、47～52頁。

松岡俊二［２０２０］「ポスト・トランス・サイエンスの時代における専門家と市民――境界知作業者、記録と集合的記憶、歴史の教訓」『環境情報科学』第49巻第3号、7～16頁。

松岡俊二［２０２２］「人口減少へ向かう人類社会とサステナビリティ研究」『環境情報科学』第51巻第3号、3～9頁。

松岡俊二編［２０１８］『社会イノベーションと地域の持続性――場の形成と社会的受容性の醸成』有斐閣。

三上直之［２０２２］『気候民主主義――次世代の政治の動かし方』岩波書店。

Climate Assembly UK [2020a] The Path to Net Zero: Climate Assembly UK Full Report（https://www.climateassembly.uk/report/read/#preface　２０２２年8月31日閲覧）.

Climate Assembly UK [2020b] Citizens' Assembly Grapples with Zeroing Emissions from Planes, Cars and Shopping Baskets（https://www.climateassembly.uk/news/citizens-assembly-grapples-with-zeroing-emissions-from-planes-cars-and-shopping-baskets/index.html　２０２２年8月31日閲覧）.

Haas, P. M. [1990] *Saving The Mediterranean: The Politics of International Environmental Cooperation*, Columbia University Press.

IPCC [2018] Special Report: Global Warming of 1.5℃, WMO&UNEP.

IPCC [2021] Climate Change 2021: The Physical Science Basis (AR6), WMO&UNEP.

Kelly, C., S. Mohtadi, M. A. Cane, R. Seager and Y. Kushnir [2015] "Climate Change in the Fertile Crescent and Implication of the Recent Syrian Drought," *PNAS*, 112 (11), pp. 3241–3246.

Pielke Jr., R. A. [2007] *The Honest Broker: Making Sense of Science in Policy and Politics*, Cambridge University Press.

UNFCCC [2021] Glasgow Climate Pact, IV. Mitigation.

Van den Hove, S. [2007] "A Rationale for Science-policy Interfaces," *Future*, 39, pp. 807–826.

Weinberg, A. M. [1972] "Science and Trans-Science," *Minerva*, 10 (2), pp. 209–222.

コラム② 広島市の防災対策――2018年7月豪雨の経験と教訓

[森　渉]

広島市は広島県の西部に位置し、県域の1割程の面積（約907㎢）に、4割を超える人口（約119万人）が集中している。市街地は、中国山地から流れ出る太田川が搬出した土砂によって構成されたデルタをもとに、江戸時代以降の干拓、埋立等により拡大してきた。その後、周辺町村と合併し、現在の市域となっている。

また、広島市はデルタ市街地を三方の山々が囲むような都市構造となっており、被爆から戦災復興、高度成長の過程を経るなかで、古くから斜面地への居住が進んできた。さらに、周辺山間部の大部分の土壌は、水を含むと脆く、崩れやすい性質を持った「まさ土」で構成されており、ひとたび強い雨が降り続けば、人命に関わる大きな災害の危険性がある。

こうしたなか、広島市では近年、2度の大きな災害に見舞われている。1度目は、2014（平成26）年8月に発生した豪雨災害であり、夜中の短時間かつ局所的な集中豪雨により77名（うち災害関連死3名）が犠牲となった。この災害の教訓から、避難勧告等の発令者や発令基準の明確化、躊躇のない発令、危険度の段階に応じた避難場所の迅速な開設、防災情報メールなど多様な発信媒体の活用、また住民の防災意

図1　アメダス降水量（広島7月5日0時～8日24時）

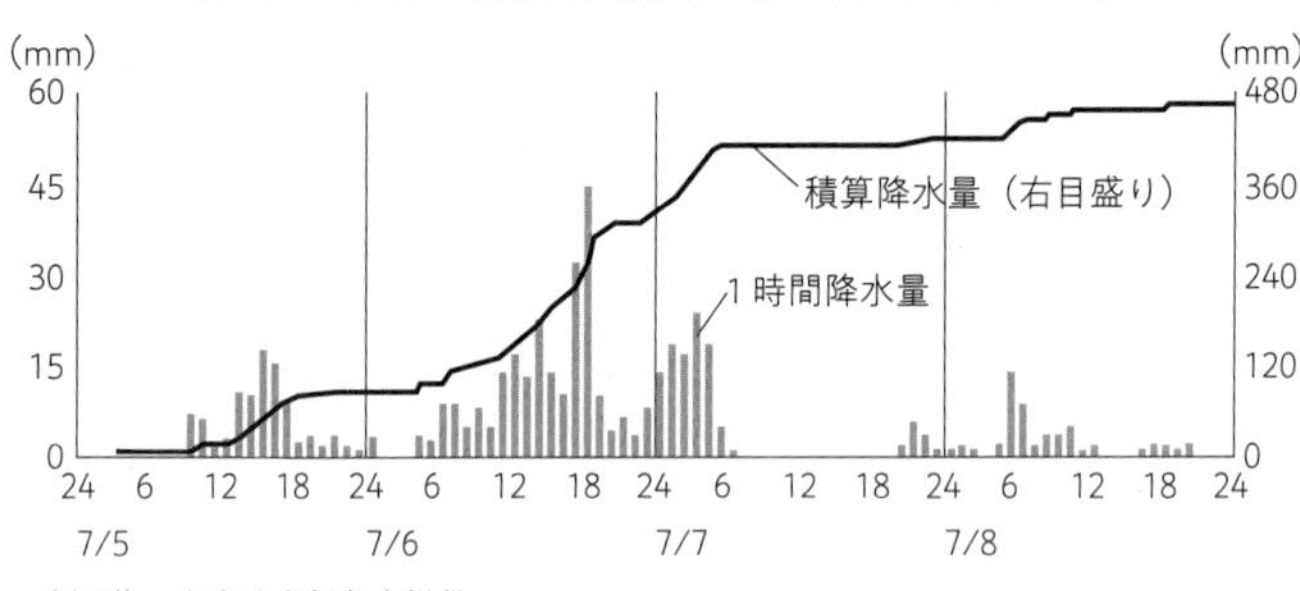

（出所）　広島地方気象台提供。

識の向上を図る取り組みの実施などさまざまな改善が行われてきた。

しかし、その災害からわずか4年後に発生した2018（平成30）年7月豪雨により再び大きな被害に見舞われることになった。

ここでは、2018年7月豪雨災害を踏まえた広島市の防災対策について述べていきたい。

気象状況

2018年7月6日昼過ぎから翌7日朝にかけて、梅雨前線が西日本に停滞し、また、南西の海上から暖かく湿った空気が流れ込んだため、広島市は継続的な豪雨となった。

雨量計の観測によると、雨が強くなり始めた6日12時の時点で、1時間雨量は10ミリ程度、累加雨量は多いところで250ミリを超える地点もみられた。その後、雨は時間の経過とともに強くなり、6日17時から20時までの時間帯においては、1時間雨量が30～60ミリの激しい雨が続き、安芸区船越南三丁目の観測点では、1時間雨量70ミリを超える激しい雨となり、6日19時40分には、広島地方気象台から大雨特別警報が発表された。

災害応急対応

7月5日から大雨警報が継続するなか、降水量の増加が見込まれたため、広島市は、7月6日の12時15分に災害警戒本部を設置し、同日14時5分に災害対策本部に移行のうえ、各区災害対策本部や関係機関等と連携・協力しながら、全庁一丸となって災害対応にあたった。

今回の豪雨災害において、各区の災害対策本部から発令された避難勧告・避難指示（緊急）により、最大で14万8918世帯、32万9203名が避難対象となった。また、この避難勧告等に伴い、最大で145施設の避難場所を開設し、9489名が、市が開設した避難場所に避難した。その後、自宅での生活が困難となった方が避難所で一時的に生活したが、10月31日にはすべての避難者が退所した。

被害の概要

この記録的な大雨により、広島市東部を中心に、土石流、がけ崩れや河川の氾濫が多発し、住宅地や道路、橋、河川などに大きな被害が生じた。

人的被害は、死者28名（うち災害関連死5名）、行方不明者2名、負傷者30名であった。とくに市南東部の安芸区では18名の人命が奪われるなど、大きな被害が発生した。

住家被害は、全壊111棟、半壊358棟、一部破損130棟など合計2471棟であり、非住家被害も619棟にのぼった。

被害分布図（上）と土砂災害の様子（安芸区矢野東七丁目梅河団地）（下）

災害の検証

広島市は、2014年の災害の教訓から、避難情報の発令基準や発令時期、危険度に応じた避難場所の迅速な開設などについて見直しを行い、対策を講じてきた。しかし、今回の豪雨災害では、この見直しに基づき適切に避難情報の発令・伝達を行ったものの、残念ながら、避難勧告が発令された地域において人命が失われた。このことから、発令する避難情報を受け取った住民をどのようにして避難行動へ結びつけるかということが課題として浮き彫りとなった。

これらを受け、広島市では発災から2カ月後の2018年9月に学識経験者、被害が大きかった地区の自主防災組織の連合会の代表者、気象台や県の関係職員等による「避難対策等検証会議」を設置し、避難情報の発令・伝達を受けた側の住民の避難行動と地域住民の置かれた状況や問題意識との関連性について検証を行った。

検証を行う過程で、住民避難に際しては、避難情報を発令するだけでは必ずしも避難行動に繋がらないが、これに加えて、災害の危険性を「我がこととして認識できた」場合には、住民は避難行動を起こすことがわかった。つまり、住民にいかにして「災害は身近に起こりうるもの」という意識を持たせるかが、重要であるということである。

また、「自分が被害に遭うとは思わなかったから」など必ずしも根拠が明確でない理由（いわゆる「正常性バイアス」）で避難しなかった住民が多くいた一方で、避難行動をとった住民には近隣住民などの動向を判断材料としていたケースもあり、地域コミュニティの役割の重要性も明らかになった。実際に、近所の方からの声掛けで避難行動を起こすことができ、命を救われたという事例が数多く報告されている。

２０１８年12月にはこうした検証を踏まえ、地域住民を確実な避難行動に繋げるための方策等の提言がまとめられた。

検証を踏まえた防災対策

住民自らが常に「災害は身近に起こりうるもの」という意識を持ち、危険が迫った際に確実に安全を確保する行動をとれるようにするためには、日常より住民相互で声掛けを行うなど、コミュニティ内の信頼関係が重要であり、普段から助け合うことのできる地域づくりが欠かせない。

このような関係性を構築するため、広島市では2014年の災害発生以降に開始した住民の防災意識の高揚、地域における防災活動の促進等を図ることを目的とした「防災まちづくり事業」についてさらに注力するとともに、住民自らが地域の事情を踏まえて災害発生時などに役立つマップを作成することを通して防災意識の向上を図る「わがまち防災マップ」や、地域防災力を高める目的で地域の自主防災会メンバーに防災士の資格を取得してもらう「地域防災リーダーの養成」といった事業を展開している。このほかに、自ら避難行動を起こす動機づけを促す目的で、自主防災組織が地元河川の水位状況などを確認できる「防災ライブカメラ」の設置等を希望した場合、補助金の支援を行っている。

一方で、災害の記憶を次世代へ伝承し、地域防災力を維持することが重要であると考え、過去に発生した大災害の記憶をとどめる目的で、被災地への復興交流拠点施設の建設や支援、市内に設置された水害碑の位置のマップ化など、災害経験の記憶を子々孫々残していくことに努めている。

また、地域の防災リーダーが中心となって、小学生等を対象とした避難所での宿泊体験や地域の水害碑をめぐる「防災体験学習」の実施など、次世代の防災活動の担い手である子どもたちに対して日ごろから避難や備えの重要性を説き、防災意識や避難行動を起こそうとする意識を根付かせるよう努めている。

さらに、広島地方気象台では、これまで市町村単位で発表していた気象警報や注意報等の発表区分を8区の行政区ごとに細分化し、これまで5㎞四方のエリアで示されていた広島県と共同で発表している土砂災害危険度情報は高解像度化を進め、1㎞四方のエリアで示すなど、住民がより我がこととして情報を受け止められるように変更を行っている。

このほかにも、市からの情報発信については、指定緊急避難場所等への案内機能や避難情報等を通知する機能を持ったスマホ用の防災アプリ「ひろしま避難誘導アプリ『避難所へＧｏ！』」を運用開始し、住民周知を図っている。

これらの取り組みが功を奏した結果かは判然としないが、２０２１年８月の大雨により、一部の地域では家屋に大量の土砂が流入する被害が発生したが、自宅で命を落とす、または負傷する事案は発生しなかったことから、避難所や親戚・知人宅への避難、また、逃げ遅れた場合は２階への避難を行うなど、多くの住民が何らかの避難行動を起こしたと考えられ、住民の防災意識、避難行動意識は高まっていると考えられる。

ただし、住民の意識がどこまで向上しているのか測れないこと、また、仮に広島市において大災害が起きない状況が続いた場合、この意識がどこまで維持されるのかわからないことなど、目にみえない部分は多くあることから、これまで取り組んできたことを信じ、修正を加えながら取り組みを継続していくほかないだろう。

広島市では、これまで発生した大災害からの教訓を忘れることなく、また、今後発生する災害からも教訓を得ながら、災害から住民の「いのち」を守るために万全を尽くすということを大原則に、引き続き防災対策を進めていく。

参考文献

北村喜宣・山口道昭・出石稔編、千葉実著［２０１９］『自治体災害対策の基礎』有斐閣。

広島市編［２０１９］『平成30年7月豪雨災害の記録』ニューズアンドコミュニケーションズ（https://www.city.hiroshima.lg.jp/site/saigaiinfo/17820.html）。

広島市安佐南区自主防災会連合会編［２０１５］『8・20広島市豪雨土砂災害の記録』株式会社Ｔａｉｓｅｉ（https://shakyo-hiroshima.jp/pdf/t20151111-121356-1.pdf）。

第Ⅱ部

教訓を未来へ繋ぐ

第5章　災害対策の倫理
——何を優先すべきか

［寺本　剛］

はじめに

「災害の倫理」というと、平常時の倫理とは別の、災害時向けに用意された倫理のことを考えるかもしれない。「誰を先に助けるべきか」といったいわゆるトリアージのようなことをまっさきに想像する人もいるだろう。しかし、これは考える順序が逆である。災害というテーマでまず優先すべきなのは、われわれが平常時に共有している倫理をできるだけ維持することだ（ザック［2020］）。災害時には、緊急であることを理由に平常時の倫理が軽視され、倫理のハードルがなし崩し的に下がっていく。それがわかっているのに、前もって何の備えもせず、「誰を先に助けるべきか」ということだけを決めておこうとするのは倫理的な怠慢である。もちろん、これは「何を優先すべきか」「誰を優先すべきか」を考えなくてよいということではない。災害時には、想定外の事態が発生し、日常を支えるインフラストラクチャーが壊れ、人々を救うための資源が限られる。そのときのことを視野に入れて何らかの優先順位を考えておくことも災害対策の一部である。重要なのは、このような問題を、災害への備えを後回しにする口実にするのではなく、「平常時の倫理の維持」という原則のもとで考えることだ。以下ではこのことを踏まえて、災害時に維持されるべき倫理とは何か、そして災害対策において何が優先されるべきなのか、その基準とは何かということを考えてみたい。

1　平常時の倫理――弱さへの平等な配慮

われわれの脆弱さ

ジャン＝ジャック・ルソーは、文明化する以前の自然人が自分の身ひとつで生きることができたのに対して、それ以降の人間は文明に依存したために弱くなったといっている（ルソー［2016］）。歴史的な事実として正しいかどうかは別にして、この指摘は現代を生きるわれわれの本質的な一面を捉えている。われわれは、独力では生きていけない弱い存在なのである。たとえば、今の世の中で自給自足の生活をしている人はほとんどいない。生存に不可欠な食べ物の供給は、生産・加工・

流通からなるフードチェーンにほぼ完全に依存しており、そこから外れてしまった人はまともに食べることができなくなってしまう。このような構図は衣食住医をはじめとする生活のすべての領域に及ぶ。一人ひとりの個人は、自分にはない知識、能力、技術を備えた他人とともに分業・協業の社会システムを形成し、そこに加わることでようやく安定した生活を送ることができるのである。

災害というのは、以上のような社会システムが壊れ、脆弱な個人がそこから放り出される事態である。そのとき、個人が独力でできること、またなすべきことは、まず自分の持っている能力と資源を使って自分自身を守り（自助）、余裕があれば身近にいる人々を守ること（共助）、その際に他人を傷つけないようにすることくらいであろう。あとは、被害を受けていない人々や公的機関が社会システムを修復し、被災者をそのシステムにつなげて助けるしかない（共助・公助）。これは実は災害時だけの話ではない。たとえば、フードチェーンが滞ったり途切れたりして食料が届きにくい場所は「食の砂漠」（この呼び名自体がこうした場所に住む人々や砂漠地方に住む人々に対して差別的だという批判もある）と呼ばれて、問題視されている。こうした状況に置かれた人々が現状を改善するために自力でできることは限られている。平常時でも、何らかの理由や原因で社会システムから外れてしまった脆弱な人々がおり、そうした人々を助けることが倫理的に求められている。

災害時に維持されるべき倫理

以上のことからわかるのは、われわれの社会システムは一人ひとりの人間の命や生活を分け隔てなく尊重するものでなければならないということである。災害時には、そして、平常時であっても、すべての人は弱い立場に立たされうる。これは、社会制度のあり方によって不利な状況を強いられているいわゆる社会的弱者だけに限った話ではない（もちろん、災害時には社会的弱者がより弱い立場に追い込まれる傾向があることはしっかりと覚えておく必要がある）。そのことを十分に認識し、自らの命や生活を守ろうとする自愛の気持ちを持つならば、危機に瀕したときに助けてくれる社会システムをわれわれは望む。

このように弱い立場に立たされた人を守る社会システムは、必然的に一人ひとりの命や生活を平等に尊重するものとなるはずである。というのも、それぞれの人が偶然に置かれている状況によって待遇に差をつける社会システムは、弱い立場の人を安易に見捨てる可能性があり、信頼できないからだ。

こうしたシステムをわれわれが望むのは、決して自愛の気持ちだけからではない。困っている他人を思いやり、助けようとする同情心や責任感がわれわれにはある。このような観点からみても、たまたま弱い立場に立たされた他人が切り捨てられることは許容できず、そうした人々を包摂し、助ける社会システムをわれわれは支持するだろう。

弱い立場の人々を守るという以上のような理想は、最大多数の最大幸福を目標とし、災害時には

「できるだけ多くの命を救う」ことを目指す功利主義的な倫理観とは異なる。功利主義は、社会全体の幸福を増大させるために、弱い立場に立たされた人を見捨てる可能性を原理的には排除していない。その点で、功利主義的な倫理観はわれわれが第一に追求すべき理想ではなく、その理想が実現不可能なときに採用される次善の規範である。

他方で、われわれが追求すべき倫理は、一人ひとりの人間を尊厳ある人格として尊重することを求める義務論的な倫理観と似ているが、厳密にいえばそれと完全に一致するものではない。一人ひとりの人間の尊厳を尊重するという考え方は、一人ひとりをかけがえのない存在として扱い、別の目的のための犠牲にしないことを意味しており、この点では先に述べた「一人ひとりを平等に尊重する」という考え方と重なっている。しかし、本章が前提とする倫理は、これに加えて、弱い立場にある人々に対する同情心や責任感を重視し（ヨナス［2010］）、そうした人々をまずは優先して救うべきことを強調する。

平常時においてわれわれは以上のような倫理を理想とし、その実現を目指して社会生活を営んでいる。そして、この理想は災害が起こったからといって捨ててよいものではなく、この目標を実現するために最大限の努力をすることがまず求められる。具体的には、災害によって社会システムが崩壊し、平常時の倫理が維持できなくなることを回避するべく、災害に強い社会システムを構築し、また災害から速やかに復旧できるよう備えなければならない。結局のところ、われわれが災害に対して倫理的に対応できたかどうかは、一人ひとりの弱さを十分に意識し、そうした人々を等しく守ることをどこまで真摯に追求して災害対策に取り組めるかにかかっている。このことからして、災害の倫理は本質的に災害対策の倫理だということになる。

2　災害対策＝厄介な問題

厄介な問題

以上のような目標に向けて努力することが災害の倫理の第一の課題であり、その点について安易に妥協すべきではない。その一方で、高い目標を立てたことに満足して実行が伴わないのであれば、それはそれで無責任であり、倫理的ではない。それゆえ、災害対策を進めるにあたっては、一人ひとりの人間を平等に守るという理想と緊急事態という現実の間でどこに照準を合わせていくかを真摯に考えることが求められる。

とはいえ、この課題は易しいものではない。災害対策は「被害を事前に想定し、それに備える」ことであり、そこには本質的な不確実性がある。そのため、どの程度の被害を想定するか、どのようなリスクに備えるか、どのような対策が実現可能か、何にどれくらい投資するべきか、といったことについて明確な答えを出すのは専門家でさえ難しいことが多い。また、こうした問題に社会全体で取り組まなければならないということがさらに問題を込み入ったものにする。社会は多様な人々で成り立っており、災害に対する想像力や危機感、守るべきものの優先順位、専門家の意見への信頼などについて温度差や考え方の違いがある。そのため、以上のような問題については、意見や価値観の対立が生じやすく、すべての人が納得できるような答えにたどり着くのは容易ではない。

このような問題は都市計画家のホルスト・リッテルとメルヴィン・ウェバーが定式化した「厄介な問題（wicked problem）」（Rittel and Webber［1973］）の一種である。リッテルとウェバーによれば、科学や技術の専門家が当時受けてきた教育や訓練、あるいは取り組んでいた研究や仕事は、解決すべき問題がはっきりしており、それにどのように取り組んだらよいかが明確にわかるようなものであった。リッテルとウェバーはこれを「飼い慣らされた問題（tame problem）」と呼ぶ。たとえば、数式を解いたり、詰将棋の答えを考えたり、化合物の構造を分析したりするといったようなものがこれにあたる。これらのなかには複雑でなかなか解けない問題もあるが、何をなすべきで、どうしたら問題が解決できたことになるかは明確に決まっている。

これに対して、どこに高速道路をつくるか、税金の税率をどの程度にするのか、学校のカリキュラムをどのように変えたらよいか、といった公共政策に関わる問題は、十分に構造化されておらず、どうしたら問題が解決されたことになるのかもはっきりとはいえないようなものだ。リッテルとウェバーはこうした問題を厄介な問題と呼び、飼い慣らされた問題と区別した。

厄介な問題には、そもそも一つの正しい答えがあるわけではない。それ以前に、そもそも何が問題であるかについてさえ共通の理解がないこともある。たとえば、高速道路をどこにつくるかを考える以前に、そもそも高速道路が必要ないと考える人もいるとしたら、問題の答えどころか、何が問題かということについてさえ合意がないことになるだろう。そのような場合に、何を問題とし、その問題をどの方向に向けて「進めて」いくべきかということは容易には決まらないし、決まったとしてもすぐに別の方向から横槍が入るだろう。「とにかくやってみるしかない」といって踏み出し、試行錯誤しながら問題に対処していくとしても、そこには常に賭けの要素があり、状況を変えたことで後戻りできなくなり、さらに別の問題を引き起こすことも考えられる。また、ある決定により、特定の人に過度の不利益がもたらされるのだとすれば、その問題への介入には倫理的な責任が伴うことにもなる。厄介な問題がそのような名称で呼ばれるのは、こうした厄介さが本質的に備わっているからである。

厄介な問題を飼い慣らそうとしてはいけない

リッテルとウェバーが「厄介な問題」について考え始めたのは1960年代である。それから少なくとも半世紀以上は経っているのに、どうしてよい解決策がみつからないのかと思うかもしれない。しかし、当然といえば当然だが、厄介な問題というのは「厄介」だからこそ厄介な問題なのであり、簡単に解決できるならそのような問題は本質的に厄介なものではない。リッテルとウェバーは、簡単に解決する方法を探そうとしてこの問題を定式化したのではなく、簡単に解決できないものとしてまずは受け入れる必要があると考えたためにこの問題を定式化したのである。

実際、厄介な問題を無理やり「解決」しようとすると、問題をさらにややこしくしてしまう可能性がある。「きれいに」解決することが本質的に不可能な問題を「きれいに」解決してしまえば、どこかにしわ寄せがいくのは当然だろう。とりわけ、その解決が、社会のなかの特定の人たちに負担やリスクを押しつけるとなれば、ややこしいだけではなく、倫理的に問題である。厄介な問題を定式化した最初の時点でリッテルとウェバーは、厄介な問題を飼い慣らされた問題であるかのように扱ったり、厄介な問題を焦って飼い慣らそうとしたり、社会問題に固有の厄介さを認識しようとしないことは倫理的に望ましいことではないといって、注意を促している（Rittel and Webber [1973]）。

災害対策を厄介な問題として捉えず、それを飼い慣らされた問題として扱おうとすれば、以上のような非倫理的な状況を生じさせ、それが対立の元となり、災害対策が滞る可能性がある。また、平常時に災害対策の「厄介さ」を共有し、それに対処する経験を積んでいなければ、有意義な協働を行うシステムを準備することも、それを運営する能力を培うこともできないため、災害時や災害後に的確な意思決定をする能力の点でも不安が残る。このような脆弱な状態を放置することは、平常時の倫理の維持という観点からみても望ましいものではない。これらの点からみて、すべてのアクターが災害対策を「厄介な問題」として認識できるよう努力することが、重要な倫理的課題となる。

3 どんな声を優先すべきか

災害対策における理想と現実の間には多様な可能性がある。そして、災害対策が厄介な問題なのは、その無数の可能性のうちどれがよい答えなのかが決まっておらず、それを多様な市民による開かれた議論のなかで、災害に先だって探り当てていかなければならないからだ。とはいえ、そのための手がかりが何もないわけではない。多様な意見が存在し、すべての人が自分の意見をいえるのだとしても、そのすべてを反映できるわけではないし、また、なかには反映すべきでない意見もある。何が正解かは決まっていないかもしれないが、何が不正解かは大枠で特定できると考えられるのだ。それを見極めるには、やはり自分たちの弱さを自覚し、一人ひとりの命を平等に尊重するという原則に立ち返ってみる必要がある。

たとえば、ハザードマップの改定によって、ある地域がこれまでよりも災害リスクの高い場所として公表されると、その地域の地価が下落し、その地域の住民に不利益が及ぶ可能性があるという場合を想像してみよう。その地域の住民が地価下落による資産価値の低下を懸念してハザードマップの改定や公表をやめるよう訴えたとしたら、その声は受け入れられるべきだろうか。それは、よほどのことがないかぎり、退けられなければならないだろう。ハザードマップの情報が公開・更新されていなければ、社会に属する人々をより高いリスクにさらすことに繫がるからである。当該地域の人々自身が災害リスクを受け入れることに同意していたとしても、リスクを回避するための情報を他人に与えなかったり、そのことで他人をより大きなリスクにさらしたりするのは倫理的ではない。また、自分たちの資産の価値を守るために仮にその地域の情報についてだけ公開を見合わせたとしても、その地域に引っ越してくる人やその土地を買おうと検討している人は、住む場所の災害リスクを選ぶことで自分自身の命や生活を守ることが十分にできなくなり、やはり倫理的に問題がある。

このことは倫理学的にはさまざまな切り口で理解できる。たとえば、最大多数の最大幸福の実現を倫理の目標とする功利主義的な倫理観からみれば、ハザードマップの非公開は多数の人々の命をより高いリスクにさらすことにつながるため容認できない。また、一人ひとりの人間の尊厳を認め、すべての人間に互いの尊厳を尊重することを求める義務論的な倫理観でも、ハザードマップの非公開は、尊厳を持つ一人ひとりの住民の命をより大きな危険にさらす可能性を高めることであり、許されない。そして、災害対策の倫理原則として本章で提示した「弱い立場の人々への配慮」という観点からみても、ハザードマップの非公開は、人々をより脆弱な状態に放置するものであり、自分自身や他人が弱い立場に立つ可能性を考慮に入れない非倫理的な態度とみなされることになる。

このように、意思決定に参加する権利がすべての人にあるからといって、どんな要求でも受け入れられるわけではない。少なくとも災害対策においては、弱い立場に立たされる人々の命を守ることを妨げず、むしろそれに資するような声が優先されるべきである。

4　誰の命を優先すべきか

次善の指針としての公平性

災害は緊急事態であり、そこでは一人ひとりの命を平等に救うための物的・人的資源が絶対的に不足する事態が容易に考えられる。そのような事態を想定して対処の仕方を考えておくことも、災害対策に取り組むうえで不可欠である。それは、一人ひとりの命を平等に守るという理想を追求するべく最大限の努力したうえで、それにつながる次善の指針を考えることを意味する。そして、その際に従うべき次善の指針は公平性だと考えられる。資源が限られており、すべての人を平等に救うことができないのであれば、せめてその資源を不当な偏りなく分配することが倫理的だと考えられるのである。

では、どのような分配の仕方が公平だろうか。何を公平性の基準とするかについては多様な考え方があり、どの基準を採用するかを決めることにも厄介さがつきまとう。しかし、これは逆にいえば、個別の価値観に左右されにくい、より抽象的な基準の方が望ましいことを意味している。たとえば、「年寄りよりも若者を優先すべきだ」とか「より有能な人を優先すべきだ」といったように個々人の属性（年齢、性別、能力、経済力など）を基準に優先順位を決めてしまうと、その基準を採用するべき理由や根拠、その背景にある価値観に賛同できない人々から反対の声が上がるのは容易に想像がつく。それゆえ、優先順位をつけるための基準としては、以上のような実質的内容をなるべく伴わず、多くの人がなるべく抵抗なく受容できる基準が採用されるべきだということになる。

このことは平常時の緊急事態において採用されているトリアージのことを考えてみるとわかりやすいかもしれない。医療の現場では、平常時における緊急対応においても医療資源が限られる場合があり、その際にはできるだけ多くの命を救うために、症状の緊急度と重症度によって患者を分類し、治療や搬送の優先順位を決めるトリアージが実施されている。ここでは、緊急の治療によって助かる見込みのある相対的に重い症状の人が先に治療を受け、死にかけている人、相対的に軽い症状の人は後回しにされる。すべての人の命を平等に救うことができない場合には、次善の倫理的基準として「できるだけ多くの命を救う」という基準が採用され、それに基づいて具体的に以上のような分類で優先順位が決められるわけだ。

この「できるだけ多くの命を救う」という基準は、「誰の命か」ということは度外視して、救える命の数だけを問題にしている。その点で、この基準は、実質的な内容の希薄な抽象的基準であり、異論も少なく、より公平な基準といえるだろう。また、「できるだけ多くの命を救う」という基準は、医療資源が限られているなかで、命の危険にさらされた人々を救う可能性を総体として高める目的で採用されており、目標としては、弱い立場の人々に配慮し、一人ひとりの人間の命を平等に尊重するというより高次の理想を目指し、完全ではないがそれに近づこうとする試みの一つと考えることもできる。

分配に差をつける原理

このように、災害時における資源の分配において優先順位をつける際には、できるだけ人々の属性に踏み込まない基準を採用した方が納得が得られやすいと考えられるのだが、その一方で、人々の属性によって物的・人的資源の分配に差をつけるのが望ましい場合もある。実際、新型コロナウイルス感染症対策としてワクチン接種が行われる際には、医療従事者、自治体の職員、高齢者などが優先されたが、感染症対策を含めた災害対策全般において、今後もこれに類する優先順位をつける必要が出てくる可能性は大いにある。そうした措置の是非や根拠についても、これまでの経験や専門家の知見に基づいて前もって議論し、社会全体で合意しておく必要がある。

その答えにはこれまたさまざまな可能性があり、それを探り当てるのは厄介な作業かもしれないが、それでも、そこには優先順位をつけるための妥当な倫理学的指針があると考えられる。それはジョン・ロールズが指摘した格差原理の考え方に則したものになるだろう。格差原理とは、最も不遇な人に最大限の恩恵が与えられる場合に社会的・経済的不平等は許されるとする考え方である（ロールズ［2010］）。

ロールズは、この原理を社会的基本財（自由・権利・機会・資産・所得・自尊心など）を分配する際の原理として提案したのだが、これは災害時の問題にも転用できる。先にワクチンの例で示したような優先順位はそれ自体として考えるならば不平等なものであり、そのままでは容認できない。しかし、そのような不平等な分配によって最も不遇な立場にある人に最大限の恩恵がもたらされるならば、その限りで、資源の不平等な分配は認められる。特定の人々が優先的に財やサービスを得られるのは、与えられた状況においてその人々が相対的に弱い立場にあるか、あるいは弱い立場の人々を救うためにより大きな貢献ができるかのいずれかの場合ということになる。

感染症対策の事例で考えれば、感染リスクや感染後死亡率が高いという属性を持った人々が弱い立場の人々、感染症対策を支える医療関係者をはじめとしたエッセンシャルワーカーはそうした弱い立場の人々を救うために貢献できる人々であり、だからこそ、そうした人々は優先的に医療措置を受けられるようにすべきだということになる。もちろん、災害の種類やそれが起こった状況に応じて、何が弱い立場（不遇な状態）かはさまざまであろう。そうしたことについて、あらかじめ議論して決めておくこともまた、必要な災害対策の一つである。

以上のようなロールズの格差原理の考え方もまた、弱い立場の人々を優先するという価値に基づいている。平等な配慮ができず、公平な配慮を試みるしかない場合でも、弱い立場の人々を優先するという考え方が捨て去られるわけではない。むしろ、この考え方に基づいた優先順位のつけ方が、より多くの人々に受け入れられ、正当性を持つことになると考えられる。もちろん、このことはこれ以外の基準に基づく優先順位が排除されることを意味してはいない。しかし、そうした基準は多くの場合、個人の属性に関わる実質的内容を伴うものになると考えられるため、特定の人々を不当に優遇ないし冷遇するものとみられかねず、多様な人々から賛同を得られない可能性がある。これでは厄介な問題をさらにこじらせることにもなりかねない。

こうした別の基準を採用するためには、「弱い立場の人々を優先する」というデフォルトの基準を覆すだけの十分な根拠が示され、それについて多くの人が納得できる説明が必要となるだろう。

5　なぜ専門家の声が優先されるべきなのか

専門家は不確実性をなくせるわけではない

災害対策を実施する際にはそれをサポートするための情報が不可欠である。こうした情報のなかには純粋に過去の事実や未来予測を伝えるものもあれば、何らかのアドバイスや警告を含んだものもある。いずれにしても、その情報が災害対策や実際の避難行動を行うための手がかりや根拠となるため、国連加盟国が採択している国際的な防災指針である「仙台防災枠組み2015-2030」においても、こうした予測・早期警報システム、災害リスク・緊急時通信メカニズム等の技術の向上やそれに対する投資が優先行動のなかに盛り込まれている。当然、専門家の研究成果や意見が公開され、災害対策に利用されるのは、一人ひとりの命を平等に配慮し、弱い立場の人々を救うことにその情報が資するからにほかならない。そうでなければ、たとえば、地価の下落を懸念する地域の人々の声を抑えてハザードマップを公開する倫理的理由はないことになる。これは感染症対策のための各種情報やアドバイス、あるいは自粛要請や行動規制にも同様に当てはまる。

とはいえ、多くの自然現象（感染症の拡大も含め）は複雑であり、地震や気候変動、あるいは感染症の拡大といった事柄については、メカニズムや大まかな動向はわかっても、それによっていつどこにどの程度の被害が生じるかということをピンポイントで正確に予測できるものではない。また、序章や第4章で指摘されているように、限られたデータをどのように解釈するのか、モデルを使ったシミュレーションの条件設定をどうするのかということについては専門家の間でも認識に幅があるため、それが予測結果にも大きな幅を生じさせる（認識論的不確実性）。ここで問題になるのは、災害対策に参加し、その声を反映させる権利がすべての人にあるにもかかわらず、なぜ以上のような不確実な情報やアドバイスを提供する専門家の声が優先され、なぜそれ以外の人々はそれに従わなければならないのかということである。本当に専門家の声は災害対策の前提にしてよいものだろうか。

まず、指摘しておきたいのは、多くの場合、市民はそうした情報の確かさについて過剰に期待しない方がよいということだ。本質的な不確実性がある分野では、専門家の予測は災害がもたらす被害の可能性をあらかじめ知っておくための目安であって、そのなかでも高いレベルの想定を予防的に受け入れておくぐらいの気持ちでいて、予測の精度や的中率などで評価しない方がよい（もちろん、専門家は研究を進めることで精度や的中率を上げる努力はするべきだが）。

安易な解決を求めず、その問題が厄介な問題であることを認識することが、厄介な問題に対処するにあたってまず倫理的に求められることであるが、これは専門家だけに当てはまることではない。いわゆる専門家ではない市民も、専門家に対して「きれいな」解決を求めてしまう傾向がある。すなわち、その道のプロである専門家は特定の問題を飼い慣らされた問題として解決するノウハウを持っているから専門家なのであって、それができなければ専門家の存在意義はない、と考えて過大な期待をかけ、専門家を妄信したり、「失敗」したときに過剰に非難したりしてしまうのである。

しかし、災害対策においてわれわれが専門家の声を優先するのは、一般の市民が知らないことを知っているからであって、すべてを知っていて不確実性をなくせるからではない。われわれはさまざまな知識、能力、技術を備えた他人と分業・協働の関係を構築し、そこに所属することでより安全に生きることができている。特定の分野の専門家の知識は完全なものではないが、その分野について社会に蓄積された最良の部分ではある。専門家の知識を優先するということは、社会のなかで手に入るできるだけよいものを利用することで、よりよい結果を出そうとする協働の一環だと考えるべきであろう。

市民と専門家の協働

無論これは、市民が専門家の言葉をすべて受け入れて従順に従うべきだということを意味してはいない。公共の福祉を目的とする公共政策は、主観的な印象や価値観によるバイアスをできるだけ排して決定されなければならないため、できるだけ中立的な評価が目指される。そのため、科学的なリスク評価においては、ある事象のリスクと便益が比較衡量され、より小さなリスクでより大きな便益をもたらす政策が高く評価される。この点で、科学的リスク評価は社会的効用の最大化を目指す功利主義的な倫理観を背景にしている（シュレーダー＝フレチェット［2007］）。

しかし、実際には社会は均一ではなく、人によって身体的・社会的・文化的条件は異なっている。そのため、政策の中身によっては、そこから平均より少ない利益しか得られず、むしろ平均より大きなリスクやコストを強いられる個人も出てくる。中立的な立場から平均的にリスクを評価し、それに基づいて政策を実施しても、それだけではまだすべての人を平等ないし公平に扱うことにはならないかもしれないのである（シュレーダー＝フレチェット［2007］）。

当然このような場合には、過度な負担を強いられた社会的弱者や少数者の声に十分に耳を傾けなければならない。これはむしろ、市民と専門家が協働し、多様な事情を持つ人々のローカル・ナレッジを専門知と融合することで、より包摂的な災害対策を行うチャンスと捉えることもできる。

その一方で、このような協働がうまくいくためには専門家に対する市民の信頼がなくてはならない。先にも指摘したように、災害に関する情報や予測は本質的に不確実なものであり、専門家の間でも意見の相違がありうる。また、その情報を実際のハザード予測や避難方法、インフラストラクチャーの整備などに利用する際には、幅のある予測のなかでどこまでのリスクを考慮するかという点でも専門家の間で意見に相違やばらつきが出てくるだろう。そして、特定の専門家や専門家集団が出す予測やリスク評価はさまざまな要因を考慮したうえで出されるものであり、その真意は最終的にはその専門家ないし専門家集団にしかわからない暗黙知という側面を持っている（コリンズ［2017］）。

そうだとしたら、専門家の助言を市民はとりあえず信頼して受け入れるしかない。逆にいえば、専門家に対する信頼がなければ、市民は専門家の与える情報に対して疑心暗鬼になり、市民と専門家による協働としての災害対策はうまくいかなくなる。

「誠実な政策仲介者」としての専門家

では、専門家が市民から信頼を得るにはどうすべきだろうか。市民は専門家や専門家集団の態度や振る舞いから、その人々が信頼できるかどうか評価するしかない。もちろんその際には、専門家が社会的に不正な行為をしていないかどうかといったことが大前提として含まれる。しかしそれと同時に、災害対策においてデータや予測を提供する専門家にまず求められるのは、そうしたデータや予測の提供の仕方に正直さや誠実さが現れるかどうかということになるだろう。

たとえば、データの取り方やそこに本質的に存在するバイアス、それが予測に与える影響や意味などについて説明し、同じデータに基づいて可能になる予測の幅や専門家間での意見のばらつき、合意の度合いなどを示す必要もある（コラム①「地震動予測と不確実性」で取り上げたＳＳＨＡＣなどの取り組みがその一例である）。あるいは、こうした情報に基づいて政策のオプションを提案する場合には、それぞれの選択肢を支えるデータ（できるだけ多く、多面的である方がよい）や結論に至ったプロセス（どのような推論や価値判断に基づいて結論が出されたのか）を開示する必要があるだろう。

すなわち、専門家は自らが与える情報の不完全性を隠し立てせず、正直に開示することによって、その情報が現在得られる最良のものであることを示す必要があるのだ。確かに、こうした情報は専門的になりがちであり、市民が完全に理解できるものではないかもしれない。その意味では、できるだけわかりやすく、そうした情報を伝える努力もあわせてする必要があり、それもまた信頼の一部を形成することになる。とはいえ、透明性が信頼の基盤の重要な部分となることを考慮するならば、たとえ開示される情報について多くの市民が完全に理解できない場合でも、できるだけ多くの情報をありのままに開示することが、信頼を醸成するための行動になる。

このことは第4章でもみたように、専門家が「誠実な政策仲介者」（オネスト・ブローカー）として振る舞う必要があることを意味している（Pielke [2007]）。誠実な政策仲介者は、多様な選択肢を隠し立てせずに提供するという振る舞いによって、自分自身が利害関係に左右されないで情報を提供しようとしていることを示す。専門家の提供する情報に対する信頼、そして、社会全体がそれを優先することに対する市民からの承認は、このような「態度を示す」ことによって作られてくる。

もちろん、専門家が提示する選択肢のなかには多くの人が聞きたくない深刻な情報や、耳の痛い提言なども含まれる。災害の記憶や災害に対する想像力は減退しがちであり、それにより一人ひとりの命を救うための対策や備えは滞りがちである。そうだとすれば、専門家の正直さは災害に対する適切な危機感を喚起する効果も持っていることになる（福和［2017］）。

このようにコミュニティにおいて厄介な災害対策を実施するには、市民と専門家とがお互いの存在について適切に理解し、そのうえで信頼を醸成しながら、ことを進めていく必要がある。そして、政策立案者がなすべきことは、その場やプラットフォームを市民と専門家の間に入って形成し、両者の協働を後押しするとともに、そこから得られる成果を災害対策に反映していくことである。

6　将来世代のための災害対策

災害弱者としての将来世代

災害対策が「弱い立場の人々を救う」ということを第一の目標としているのだとしたら、それは今生きている人々だけでなく、まだ生まれていない将来世代のためのものでもある。将来世代は災害対策において二重の意味で弱い立場に立たされている。まず、災害はすぐに起こるとは限らず、遠い将来に起こる可能性もあり、将来世代もまた被害者になる可能性がある。さらに、将来世代は後から生まれてくるため、現在世代の災害対策をまずはそのまま受け入れるしかない。現在世代がまともな災害対策をしていなければ、将来世代は選択の余地なくそのリスクを引き受けなければならず、そのリスクを低減するために一から災害対策に取り組まなければならなくなる。それどころか、もし災害に対する現在世代の危機意識が希薄である場合には、将来世代にもそれが引き継がれ、将来世代は災害に備えるという行動様式やメンタリティを身につけられず、ただリスクにさらされるだけになるかもしれない。

このように将来世代を災害から守るということを考えると、現在世代が十分な災害対策を行い、災害に強い社会システムを構築しておくだけではなく、その社会システムを有効なかたちで将来世代に引き継ぐための慣習や仕組みを作り出すことが重要な倫理的課題の一つであることがわかる。

しかし、これもまたそれほど容易な課題ではない。人間は忘れる動物であり、過去の災害をそのままの臨場感で思い出すことはできないし、またその記憶を長期間維持しておくことも難しい。しかも、記憶や記録を残すことだけでは災害対策としては十分ではない。記憶というのは目の前にある現実と比べると、はかなく、印象の乏しいものであり、われわれの行動を促す力が本質的に弱い。いくら印象的な記憶を持っていたとしても、それは現実のリアリティや直近の利得、惰性に負けて、具体的な行動に結びつかないということも往々にしてある。具体的な災害対策が滞るのも、こうした「わかっているのにできない」という側面があるからだろう。記憶を維持していても、それを教訓として具体的な災害対策に結びつけるところまでいくとは限らないのである。

また、記憶は災害を経験した人には残るかもしれないが、災害を経験していない次の世代はオリジナルな記憶を持つことができず、それを前の世代から間接的に受け取り、自分たちなりに解釈して受け入れるしかない。時間の経過だけでなく、このような間接性が加わることで、災害対策を促す記憶の力はさらに衰えていく可能性が高い。

記憶の再活性化

次章で指摘するように、過去の記憶を教訓として災害対策に活かすには、記憶の維持・継承だけではなく、目の前の現実に意味ある変化をもたらすことができるようなかたちで記憶を再活性化する必要がある。この再活性化というのは、オリジナルな災害経験をできるだけリアルに思い出したり、想像したりすることを含むものではあるが、それに尽きるものではない。災害対策にとって重要なのは次に来る災害に思いをめぐらせることであり、過去の特定の災害経験はそのための手がかりであって、それを克明に思い出すこと自体が対策の目的ではない。

また、特定の災害経験にとらわれてしまうと、それ以外の状況を想像する可能性は閉ざされてしまう。それゆえ、災害の記憶の再活性化は、オリジナルな経験の記憶をきっかけや情報源として、オリジナルな経験でどのようなことがあったのかを想像力を高めて解釈したり、追体験しようと試みるとともに、それを踏まえてそれ以外の状況においてどうすべきかを新たに考え出す活動を指すことになる。

この意味で、再活性化は単なる「追体験」ではなく、その都度新しい創造的な試みであり、そこに創意工夫の可能性が開かれている。

たとえば、防災訓練はルーティン化しやすく、毎年同じ時期に同じことを繰り返すことになりがちである。このような防災訓練にもそれなりの非日常性はあり、災害時にとるべき行動を確認する機会にはなるものの、過去の実際の災害で起きた状況について想像力をたくましくして考え、将来の災害に思いをめぐらせる機会にはなりにくい。一方で、すでに各地で行われているように、避難訓練を抜き打ちにするなどして、オリジナルの災害で人々が陥った「想定外」を体験させようとする試みなどは、人々を刺激して現実の災害体験に向けた想像力を発動させる機会を与えるという意味で、再活性化の取り組みといえるだろう。

あるいは、ただ単に机の下に隠れるということだけで訓練を終えるのではなく、揺れが起きるとどういう状況になるかを自分たちで調べたり、揺れが収まった後でどのように行動するのかというところまで視野に入れてそれを考えてみたり

国連防災会議／ゲームを楽しむ参加者（仙台市，2015年。時事提供）

というように、訓練を学習や研究と結びつけ、それをさらに対策にフィードバックするという試みができれば、それもまた再活性化の一例といえるかもしれない。

さらに、ゲームが持つエンターテインメント性、疑似体験性、相互対話性を現実の社会問題の解決に活かすシリアスゲームやゲーミフィケーションの考え方に基づいて防災ゲームを使った災害教育の試みがすでにあるが、これなども災害経験のない世代に災害対策への関心や興味を持たせたり、ビデオゲームやVRなどを使って疑似体験をすることで災害に対する危機意識を高めたり、防災ゲームを作成することで災害について情報を収集し、災害への想像力を高めたりすることに繋がるかもしれない（Tsai et al. [2020], Ota et al. [2020]）。

このように、記憶の維持・継承の活動にそれを再活性化させる意志や仕組みが付け加わらなければ、十分な災害対策には繋がっていかない。再活性化の試みは、「活性化」というその本質からして、ルーティン化しがちな日々の生活に活気を与える活動ベースの取り組みや、その活動を通じて社会システムに、物理的にであれ、制度的にであれ、目にみえる変化がもたらされるようなものであった方がよい。ルーティン化するのであれば、まさにそうした創造的な活動をルーティン化（定期化・制度化）する必要があるといえる。ひょっとするとそれは災害対策を、受け身で面倒なものではなく、能動的で楽しいものにするかもしれない。

災害対策というと強靱なインフラストラクチャーを構築するといったハード面に注目が集まりが

ちだが、とくに世代間倫理の観点からみた場合には、教育や制度を含むソフト面の対策がきわめて重要なものになる。確かに、災害に対してより強い社会システムを残すという課題には、物理的な意味で災害に強い社会を残すことが含まれる。それによって災害が抑えられるのであれば、それはそれで将来世代のためになる。しかし、その一方で、物理的に外部化された対策があることによって、次の世代は災害に対する危機意識を育むことができず、そうした人々の内部に、災害に対する脆弱性が潜伏することになるかもしれない。

こうした弱さに対して現在世代ができるのは、過去の災害の記憶を残すことに加え、これを再活性化する仕組みや制度を社会のルーティンワークとして残すことだといえる。哲学者のハンス・ヨナスが指摘したように、将来世代は現在世代の意思決定をただ受け入れるしかないという意味で弱い存在であり（ヨナス［２０１０］）、そうした将来世代を守るための行動を前もってとっておくことが現在世代の倫理的な責務である。その意味で、災害の記憶の維持・継承・再活性化の制度を自ら構築・実践し、その文化を残すことは、われわれ現在世代が取り組むべき災害対策の重要な要素となる。

参考文献

コリンズ、ハリー（鈴木俊洋訳）［２０１７］『我々みんなが科学の専門家なのか？』法政大学出版局。

ザック、ナオミ（髙橋隆雄監訳）［２０２０］『災害の倫理――災害時の自助・共助・公助を考える』勁草書房。

シュレーダー＝フレチェット、クリスティン（松田毅監訳）［２００７］『環境リスクと合理的意思決定――市民参加の哲学』昭和堂。

「仙台防災枠組２０１５－２０３０（仮訳）」（https://www.mofa.go.jp/mofaj/files/000081166.pdf　２０２２年9月26日閲覧）。

福和伸夫［２０１７］『次の震災について本当のことを話してみよう。』時事通信社。

ヨナス、ハンス（加藤尚武監訳）［２０１０］『責任という原理――科学技術文明のための倫理学の試み』東信堂。

ルソー、ジャン＝ジャック（坂倉裕治訳）［２０１６］『人間不平等起源論 付「戦争法原理」』講談社。

ロールズ、ジョン（川本隆史・福間聡・神島裕子訳）［２０１０］『正義論（改訂版）』紀伊國屋書店。

Ota, K., Y. Tsujita, M. Murakami, K. Iida, T. Ishikawa, J. M. Vervoort, and T. Kumazawa [2021] "Serious Board Game Jam as an Exercise for Transdisciplinary Research," in *Simulation and Gaming for Social Design*, Springer, Singapore, pp. 185–213.

Pielke Jr., R. A. [2007] *The Honest Broker: Making Sense of Science in Policy and Politics*, Cambridge University Press.

Rittel, H. W. J., and M. M. Webber [1973] "Dilemmas in a General Theory of Planning," *Policy Sciences*, 4, pp. 155–169.

Tsai, M. H., Y. L. Chang, J. S. Shiau, and S. M. Wang [2020] "Exploring the Effects of a Serious Game-based Learning Package for Disaster Prevention Education: The Case of Battle of Flooding Protection," *International Journal of Disaster Risk Reduction*, 43.

第6章 災害の記録と記憶
——何が語り継がれるのか

［阪本真由美］

はじめに

地震・津波・水害・火山噴火などの自然災害は大規模な人的・物的被害をもたらすものの、物理現象としての災害は一過性の出来事である。災害により破壊された建物は取り壊され瓦礫となり撤去される。あるいは新しい建物に建て替えられ、物理的な痕跡はいつしか姿を消す。災害を経験した人も年をとり、いつかはいなくなる。時の経過とともに、災害の記憶はしだいに曖昧なものとなりやがて忘却される。

時間は不可逆であり、災害の記憶の忘却や喪失を防ぐことは難しい。しかし、災害は繰り返し起こることから、甚大な被害をもたらした災害の記憶をとどめ、将来世代の防災対策に役立てようとする取り組みが長年にわたり行われてきた。災害により被害を受けた物理的な痕跡が刻まれた建物や構造物を遺構として保存する、災害という出来事やその被害を記す記念碑・慰霊碑を建てる、災害の詳細を文章・写真・映像に記録する、記録・資料を集めたアーカイブやミュージアム等を設立する、祭典や式典等の周年行事を行うなどの試みである。

災害を経験したことのない人が災害について知ろうとするとき、過去の災害を伝える記念碑・慰霊碑、文章・記録は手がかりとなる。しかし、記憶は基本的にその出来事を経験した人の内部にあり、建物・記念碑・行事などの外的なモノにとどめられる記憶は、災害のごく一部を表しているにすぎない。そのため、外的なモノにとどめられた特定の記憶しか継承されないこと、記憶を持つ人が意図したかたちで継承されないことも考えられる。

本章は、1995年に兵庫県を襲った阪神・淡路大震災を事例とし、災害から30年を迎えるにあたり、どのような記憶が災害の記憶として継承されているのかを検討する。また、災害の記憶を維持し継承するにはどのような取り組みが求められるのかを考える。

1　阪神・淡路大震災の記憶と記録の保存

1995年1月17日、兵庫県淡路島北東を震源とするマグニチュード7・3の兵庫県南部地震が発生した。この地震により、兵庫県の阪神地域と淡路島北部が大きな被害を受けた。地震は神戸市・西宮市・芦屋市などの都市直下を襲い、建物は倒壊し、阪神高速道路や鉄道の高架が倒壊、電気・水道・ガス・通信網等のライフラインも寸断された。地震による死者数は６４３４人にのぼり、被害の大きさと国をあげての復興が求められたことから、政府は閣議決定によって災害名称を阪神・淡路大震災と定めた。

阪神・淡路大震災から約30年が経過し、被災地の兵庫県阪神地域や淡路島北部の街並みは再建され、震災直後の様相をイメージすることは難しい。被災地で暮らす小学生・中学生・高校生・大学生は、阪神・淡路大震災の後に生まれた実体験としての震災を知らない世代である。震災から20年が経過した２０１４年に神戸新聞が行った調査では、被災前と同じ居住地にいる住民は神戸市で人口の33％、西宮市で20・４％、芦屋市で20・２％であった（神戸新聞［２０１４］）。阪神・淡路大震災当時とは居住者も大きく入れ替わっている。

大規模な被害をもたらした阪神・淡路大震災の物理的な痕跡をとどめるモノや資料を収集・保存する取り組みは、災害発生直後から活発に行われた。兵庫県は、阪神・淡路大震災の震源となった野島断層の断層変位がみられた地形をそのままのかたちで保存した「野島断層保存館」を１９９８年に開設した。国と兵庫県は、阪神・淡路大震災に関する資料を網羅的に収集するとともに、それらの資料を展示として公開する「人と防災未来センター」を２００２年に開設した。神戸市は、液状化により被害を受けたメリケン波止場の一部を当時の状況のまま保存した「神戸港震災メモリアルパーク」を整備した。

また、災害を経験した人の記憶を伝えるための多様な取り組みも行われている。被災体験談を伝える「語り部」や、震災学習プログラムがさまざまな団体により行われている。地震が起こった1月17日には、神戸市は追悼式典「阪神淡路大震災1・17のつどい」を、兵庫県は「ひょうご安全の日のつどい」を毎年行っている。また、世代を超えた災害の記憶継承に取り組む「災害メモリアルアクションKOBE」、震災後に建てられた震災モニュメントをめぐる「1・17ひょうごメモリアル・ウォーク」などのイベントも継続して行われている。

災害の記憶継承は、学校教育においても重視されている。兵庫県教育委員会は、震災から3カ月後の1995年4月に防災教育検討委員会を設置し、防災教育を教育活動全体に位置づけることを決めた。震災の体験を語り継ぐとともに災害に強く安心して学ぶことのできる学校づくりや、人間としてのあり方や生き方を考える人間教育に重点を置いた新たな防災教育が提言された。

以上に述べたように、阪神・淡路大震災については、行政、学校、地域社会などによりさまざまなかたちで記憶や記録を保存・維持し、伝える取り組みが行われてきた。このような災害の記憶継承の取り組みは、1991~95年の雲仙岳噴火災害の被災地の長崎県島原や、93年の北海道南西沖地震の被災地の奥尻町でもみられたが、阪神・淡路大震災の記憶保存・継承の取り組みは、被災地である兵庫県だけでなく国も参画した取り組みであり、これまでの災害にはみられない規模で行われた。

2　固定化される阪神・淡路大震災の記憶

大学生にとっての阪神・淡路大震災

阪神・淡路大震災の復興過程では、災害の記憶を保存・維持し、伝えるための多様な取り組みが行われてきた。こうした活動によって、災害の記憶は継承されているのだろうか。ここでは、阪神・淡路大震災後に生まれた人が、阪神・淡路大震災の何を知っているのかを、震災の記憶継承に関する三つの取り組み事例、第1に大学生の事例、第2に学校教員の事例、第3に高校生の事例から検討する。

第1の事例は、阪神・淡路大震災後に生まれた大学生が知っている阪神・淡路大震災についてである。阪神・淡路大震災から25年を迎えた2020年1月、朝日放送テレビは自ら保有する阪神・淡路大震災の取材映像を、デジタル・アーカイブ「阪神淡路大震災激震の記録1995取材映像アーカイブ」として公開した。アーカイブでは、1995年の災害発生直後から同年8月23日まで、合計38時間分の阪神・淡路大震災の取材映像を公開している。このアーカイブを大学生に視聴してもらい、「自分が知識として知っていた阪神・淡路大震災とどう違うのか」を尋ねたところ、知識として知っている阪神・淡路大震災と、映像を通して知る阪神・淡路大震災とには違いがあることが示された。その回答の特徴的なものを次に示す。

・私は神戸出身なので今までいろんな映像を学校でみてきましたが、それはごくわずかな部分であって、たとえば六甲道駅が崩壊したのは知っていましたが、神戸市内だけでもすべての鉄道が、どこかしらがつぶれていて運行できなくなっていたことは知りませんでした。

・映像をみてすぐに感じたのは、想像の何倍も被害が甚大なものだったということだ。震災当時私はまだ生まれておらず、実際に経験もしていない。兵庫県民ということで毎年1月17日には震災を特集したテレビ番組や新聞記事をみていたが、今回みた被害状況の動画は、私が今まで考えていた以上に被害が大きかった。最近歩いた三宮の道にビルが倒れて通行することができなくなっていて、冬の寒い季節に傷の手当てを待っている人が大勢いたり、手当てをするために医師や救急隊員がひっきりなしに治療にあたっている状況は生々しく恐怖を感じた。

・自分が学んでいた阪神・淡路大震災についての知識は、被災人数や、倒壊した建物の数など、被害についての記録が主だったので、今回の映像をみて、当時被災した人たちの表情や声を聴くことができ、貴重な経験になった。

・阪神・淡路大震災といえば、大きくゆがんだ線路や倒壊したビルなど、街の風景が大きく変わってしまったという印象があったが、実際にはそれだけではなく、最も変化してしまったのは当然ではあるが、そこに暮らす人々の生活なのだと気づいた。

・自分の印象として持っていたのは、高速道路が倒れている映像と地震発生直後の火災の映像でした。地震発生から18時間が経過した夜でも火災が続いている状況があったというのは初めて知りました。

・正直なところ、今回の映像をみるまでは阪神大震災の影響は震源地の近くだけであると思っていた。だが、自分が住んでいる街並みにも大きな影響を及ぼしていたことに恐怖と戸惑いを覚えた。木造住宅は完全に倒壊しているものもあり、瓦礫の山になっている場所もちらほら見受けられた。悲しい場面ばかりかなと思っていたが、そんなこともなく、節分の日に豆まきを提案していたことなどは心がホッとする場面に出くわした感じがした。

このように、ほとんどの学生が、自分が知っていた阪神・淡路大震災と、アーカイブ映像を通して知る阪神・淡路大震災とは異なると述べた。大学生が知っていた阪神・淡路大震災は、「大きくゆがんだ線路」「倒壊したビル」「倒壊した建物」「倒れた高速道路」「火災」などの言葉で示されるように、大規模な構造物が地震により破壊された様相を中心とするものであった。その一方で、映像を通して知ったという阪神・淡路大震災には、「被災した人たちの表情や声」「傷の手当てをしている人」「そこに暮らす人」「豆まきを提案する人」というように、そこで暮らす人の様相に関する言葉が多くみられた。このことからは、大学生が知っている阪神・淡路大震災は、街や構造物等の被害の様相に偏っていること、被災地で暮らす人々の様相が抜け落ちていることがわかる。

取捨選択により固定化された記憶

阪神・淡路大震災に関する報道番組や学校の教科書、展示等において用いられる写真や映像をみると、その多くは大学生が触れたような倒壊した高架道路、倒壊したビル、火災の様子を伝える内容である。なぜ、こうした写真や映像が震災を表象するものとして用いられるようになったのだろうか。

その理由としては、第1に、大規模な構造物の被害を示す写真や映像が、地震による非日常的な破壊力を表象していることが考えられる。たとえば、1月17日5時46分に地震の震源近くで揺れが継続した時間はわずか17秒ほどである。地震により倒壊した高架道路の写真からは、この短時間の揺れが高架道路を倒壊させてしまうという地震の破壊力のすさまじさをうかがうことができる。このような高架道路が倒壊する写真は阪神・淡路大震災という言葉と連動して頻繁に用いられたが、それによりいつしか阪神・淡路大震災イコール高架道路の倒壊というイメージが定着した可能性がある。

阪神・淡路大震災と高架道路倒壊というイメージが重なることを示す事例が、兵庫県北淡町（淡路島）の野島断層保存館の展示入口に設置されている、神戸市内の国道43号線高架倒壊の様子を再現したジオラマである。この展示をみたとき、淡路島の博物館に神戸市内の高架道路が倒壊している様相が再現されている、ということに違和感を感じた。なぜなら、野島断層周辺の被害の様相が展示されているものだと考えていたためである。しばらく展示をみているうちに、このジオラマが野島断層を震源とする地震によりもたらされた被害の象徴として位置づけられていることに気がついた。このような高架道路倒壊のイメージは、阪神・淡路第大震災の被害を伝える映像・展示等、さまざまな場でみることができる。阪神・淡路大震災の資料を展示する人と防災未来センターの裏庭には、倒壊した阪神高速道路の橋脚の一部が現物資料として移設・展示されている。

阪神高速道路倒壊現場（神戸市提供）

第2に、被災した構造物の写真や映像が多数みられるのとは対照的に、被災した人の写真や映像が少ない点である。これには社会的な状況も影響を及ぼしている。阪神・淡路大震災の復興過程では、個人の肖像権や著作権への意識が高まり、2003年には「個人情報の保護に関する法律」が制定されている。人と防災未来センターでは、展示公開に先立ち震災資料の公開等に関する検討委員会を設置し、個人情報を含む資料の公開基準について議論しており、保有している資料のなかには未だに公開されていない資料もある。被災した人の映像は意図的に報道等により用いられなくなっており、その理由は災害発生直後は被災者への配慮や肖像権保護のためであったが、時間が経過するに伴い報道関係者が世代交代し、阪神・淡路大震災を知らない世代の人は、阪神・淡路大震災を知る人が使わない映像は使わなくなっていったことが指摘されている（木戸［2020］）。

このように、阪神・淡路大震災を伝える資料・映像・資料は、復興過程における社会的影響を受け、半ば無意識のうちに取捨選択された。その結果、構造物の被害の様相を伝える写真・映像・資料が阪神・淡路大震災の記憶として定着し「固定化」された。対照的に、被災者個人の記憶は保存しようとする動きがあったにもかかわらず、個人情報の関わりからも積極的に公開されず、それにより伝わらなかったことが考えられる。

3　知らないから伝えられない阪神・淡路大震災

第2の事例は、阪神・淡路大震災を知らない学校教員の事例である。前述のように、阪神・淡路大震災は学校教育の柱となっており、防災教育を推進するため兵庫県教育委員会は1997年に学校防災マニュアルを、また教科学習にあわせて防災を教えることができるよう、防災教育副読本『明日に生きる』を作成している。防災教育副読本は、高等学校・中学校・小学校（高学年／低学年）という児童生徒の発達段階に応じた内容となっている。同世代の児童生徒の共感が得られるよう、震災が起きたときやその後の体験を伝える作文を中心に各教科で横断的に防災を学習できるよう工夫されている。

さらに、防災教育を推進するために教員の人材育成にも重点が置かれ、防災・減災に関する専門的な知識を持つとともに災害発生時には被災した学校の支援にあたる震災・学校支援チーム（EARTH）が兵庫県教育委員会によって2000年に編成され、現在も活発に防災教育活動や被災地支援が行われている。

防災教育副読本『明日に生きる』（兵庫県教育委員会発行）

阪神・淡路大震災が起きた1月17日にあわせて、各学校では「震災学習」が行われる。2019年に兵庫県教育委員会が実施した中学校教員を対象とした防災教育研修会では、防災教育副読本『明日に生きる』を活用して震災学習で実施する授業の学習指導案を作成するという演習が行われた。

演習は、授業で実践しやすいように『明日に生きる』のなかから阪神・淡路大震災との関係性が高いと考えられる以下の三つの単元のうち一つの単元を選び、学習指導案を作成するという内容であった。選定された単元は、①家具の固定や非常用備蓄の準備など防災対策に関する「地域の一員としてできること」、②阪神・淡路大震災の被災経験を伝える「1・17は忘れない」、③被災した生徒による作文「心がひとつに」であった。演習には18グループが参加しており、選んだ単元は①が12グループ（67％）、②が5グループ（28％）、③が1グループ（5％）であった。

阪神・淡路大震災について伝える震災学習の教材にもかかわらず、②③の被災体験談を扱う単元よりも、①の防災をテーマとした単元を選ぶグループが多くみられた。そこで、参加者に教材をどのように選定したのかを確認したところ、被災経験をテーマとした作文を選んだグループは、メンバーの一人が阪神・淡路大震災で被災していたことから、当時の経験を伝えることの重要性を強調した。演習ではその教員の体験談を聞き語りあうことにより指導案の作成が行われた。一方で、防災をテーマとしたグループからは、被災経験を伝えるテーマでは授業展開が難しい、被災経験を知らないのでどのように伝えればよいのかわからないなどの意見が出された。

被災経験を知らないのでどのように伝えればよいのかわからないという意見からは、体験談を読むだけでは災害の原体験者への共感（エンパシー）を得にくいことがわかる。阪神・淡路大震災のように非日常的な災害ほど自分の日常とは異なるため、エンパシーを感じにくくなる。したがって、災害の記憶を伝えるには体験談を読むだけでなく、それを補完する語りを聞くなど、何らかの方法でエンパシーを得る必要がある。

この点、阪神・淡路大震災を経験した教員と経験していない教員とが同じグループで指導案の作成に取り組むことは、震災を知らない教員が震災について知るのみならず、伝えることができるようになることにも貢献していた。文化人類学者のジーン・レイヴと教育理論家のエティエンヌ・ウェンガーによる正統的周辺参加論が示すように、学習には直接的参画により得られる学びもあれば、実践共同体への参画を通して周辺環境から得られる学びもある（レイヴ&ウェンガー［1993］）。被災経験を持つ教員と協働して災害を伝えるための作業を行うことは、そのプロセスを通した学びを得ることを可能にする。

4　共感を通した記憶の想起

第3の事例は、震災後に生まれた高校生の事例である。ラジオ関西による「知らないけど知っている――私たちの1・17」という番組では、阪神・淡路大震災から10年後に生まれた神戸市の高校生が、阪神・淡路大震災について伝える取り組みが紹介された（2021年1月17日放送）。番組の概要は次のとおりである。

番組は、阪神・淡路大震災後に生まれたアナウンサーと高校生の対話から始められた。阪神・淡路大震災について学校でどのような教育を受けてきたのかというアナウンサーからの質問に対し、高校生は避難訓練にあわせて炊き出しが行われたこと、1月17日は学校給食が炊き出しのメニュー（豚汁とおにぎりは持参）となること、炊き出しには震災を経験した地域の人も参加しており災害の話を聞く機会があったこと、震災近くになると地域で開催されるコンサートで被災経験を伝える歌「しあわせ運べるように」を歌ったことなど、多様な学習を受けてきたことが紹介された。それにもかかわらず高校生は、阪神・淡路大震災を実体験として知らないから伝えられない、勉強したことが間違っているかもしれない、知っているだけでは伝えられないと語る。

その後、高校生は人と防災未来センターを訪れ、阪神・淡路大震災の展示映像をみる。映像をみた高校生は、最初は震災が怖いとの感想を述べるが、避難所で行われた葬儀に参列していた人のなかに、自分と同じ高校の制服の人がいることに気づいたことをきっかけに、その場にいた人がどんな気持ちでいたのか、自分の身に震災が起こったらどうするのかというように具体的に震災について語るようになる。番組開始時には、阪神・淡路大震災を体験していないから伝えられないと話していた高校生が、展示映像をみたことをきっかけに阪神・淡路大震災と自分とを重ねて捉えるようになり、そこから自分だったらどのように阪神・淡路大震災を伝えるのかを考え始める。最後は、時代は変わるから災害の記憶の伝え方も変える必要があり、現代はスマートフォンが使われていることから、ＳＮＳやスマートフォンを活用することにより、高校生としての表現で災害の記憶を伝える取り組みが行われる。

高校生の心情の変化をたどることができる印象的な番組であった。高校生の心情の変化のきっかけとなったのは、阪神・淡路大震災の映像に自分と同じ高校の制服をみつけたことである。つまり、映像のなかの高校生に対するエンパシーが、映像を自分自身の記憶と重ね再構築することを可能にしていた。アライダ・アスマンは、「想起」とは過去の出来事を想い起こす意識であるが、想起は新しい対象を扱い、その新しい対象はかつて存在したものとは異なり、現在の視点から生まれるものであるとしている（アスマン［２０１１］）。高校生の事例においてはエンパシーが想起につながっており、想起により得られた記憶は、自分自身の記憶であり、だからこそ自分のできる方法で震災を伝えるための取り組みが行われていた。

5　知識としての災害から想起を通した記憶の継承へ

以上の三つの事例は、阪神・淡路大震災からほぼ30年という時間の経過のなかで、阪神・淡路大震災の記憶は、大規模な構造物の被害や火災などの特定の記憶に固定化されつつあることや、知識

図6－1　回顧を通した記憶の想起

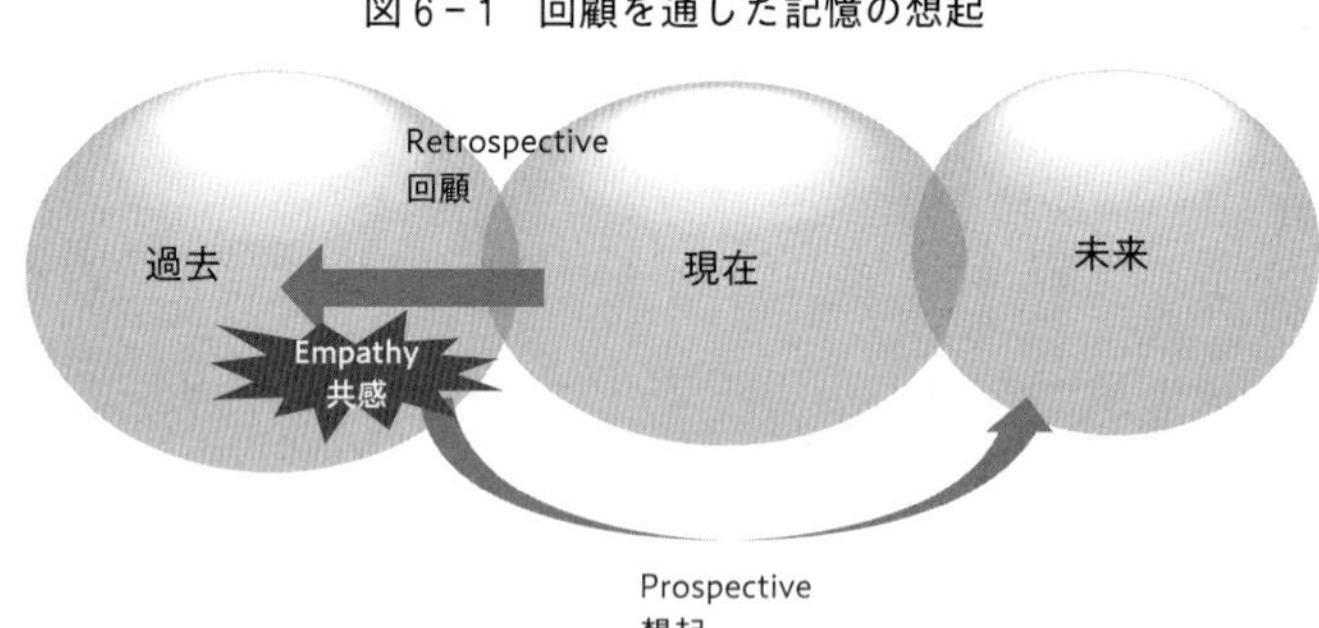

として阪神・淡路大震災を知っているものの災害を経験したことがない世代の人は、震災を知らないから伝えられないと捉えていることを示している。伝えられないと捉えている人が多いることは、未来に向けた記憶継承が難しいということである。

記憶継承をめぐる状況を図6－1に整理する。記憶継承においては、記憶がとどめられる碑・記録・資料等の外的なモノを通して現在から過去に起きた出来事を振り返るという回顧的（retrospective）な取り組みが行われる。けれども、回顧的な取り組みだけでは「知識」として災害を知るにとどまり、それだけでは記憶を伝えることは難しい。記憶を伝えるには、外的なモノに触れるのみならず、それに対するエンパシーを得ることにより、自らの記憶と重ね合わせ、新たな記憶を想起することが重要であり、想起により将来へ向けた（prospective）記憶継承が可能となる。

災害の体験者が時間の経過とともに少なくなるなかで、求められるのは過去を回顧し知識を得ることよりも、第5章で述べたように過去の振り返りから想起される記憶を新たなかたちで再活性化させる、すなわち記憶を自らの記憶と重ね合わせて再構築し、そこに新たな解釈を加えたかたちで伝えることである。第４節で述べた高校生の事例で、ＳＮＳやスマートフォンを活用した災害情報の伝え方が検討されていたように、記憶の伝え方についてもその時代に適したアプローチが重要となる。

災害の記憶を再活性化させるきっかけとなる要素の一つが、高校生が展示映像に対して感じたエンパシーや、大学生が映像を通して感じた違和感等の感性に訴える記憶である。エンパシーや違和感などの感情は、災害の記憶を自分なりの視点でみつめ考えるからこそ生まれる。大規模な構造物の被害を伝える痕跡、写真や映像資料などは、災害がいかに大きなエネルギーを持つのかを示すものではあるものの、それら外的なモノにとどめられる被害の様相は日常の暮らしとはかけ離れており、エンパシーを得にくい。逆に、自分の生活に近い年齢・性別・生活環境というように自分と共通点があることや、外的なモノと記憶を補完する語りなどがあるとエンパシーは得やすい。多様な人の記憶があるほど、エンパシーを得やすく、記憶は想起されやすいと考えられる。

6　記憶の世代間継承のために

本章では、阪神・淡路大震災を事例に、災害を経験していない世代に、記憶がどのように継承されているのかを検討した。阪神・淡路大震災については、記憶の保存・継承のための多様な活動が行われてきたことで、知識として震災を知っている人が多くいるが、知識として知っているだけでは記憶を継承することは難しい。記憶を継承するには、過去の記憶に対しエンパシーを得て、それを自らの記憶として想起し、再活性化させる必要がある。

最後に、災害の記憶の想起を促すためのアプローチとして次の取り組みを提案する。

第1は、災害の記憶を知識として学ぶだけでなく、記憶を自らの記憶と重ねて伝えることができるような学習プログラムの検討である。たとえば、災害の展示のなかから自分が共感する展示資料を探し、みつけたテーマを用いて震災について自分自身の言葉で伝えるという内容が考えられる。

第2は、災害の体験者と災害の記憶を学ぶ人とが、協働して災害の記憶を伝えるための実践に取り組むことである。第3節で述べた学校教員の事例で示したように、被災経験を持つ人と持たない人が互いにコミュニケーションをとりながら、災害の記憶を伝える場をともに構築することは、未来へ向けた記憶の想起を促すものである。

第3は、多様な人の記憶を伝えることである。前述の映像デジタル・アーカイブを視聴した大学生が被災したなかで生きる人の姿に共感したように、あるいは人と防災未来センターの展示映像をみた高校生が同じ高校の制服を着ている人に共感したように、人の存在は時間を超えてエンパシーを生み出す可能性を秘めている。特定の人ではなく多様な人の多様な記憶を示すと、エンパシーを生み出す接点が増える。阪神・淡路大震災については、災害発生直後から網羅的な記憶の収集・保存が行われたこともあり、多様な記憶が保存されている。また、冒頭に紹介した映像デジタル・アーカイブのように、新たに資料を公開しようとする動きもみられることから、これらの多様な記憶を活かす必要がある。

なお、災害の記憶を伝えようとするのは、同じような被害を繰り返さないためである。災害を過去の出来事としてとどめてしまうことは、記憶の忘却を促し、再び同じような被害をもたらすことにつながりかねない。だからこそ、災害の記憶の想起を、自分自身の備えや、将来の備えとしていけるよう記憶を語り継ぐ必要がある。

参考文献

アスマン、アライダ（磯崎康太郎訳）［2011］『記憶のなかの歴史――個人的経験から公的演出へ』松籟社。

アルヴァックス、M（小関藤一郎訳）［1989］『集合的記憶』行路社。

木戸崇之［2020］『スマホで見る阪神淡路大震災――災害映像がつむぐ未来への教訓』西日本出版社。

神戸新聞［2014］「震災19年、西宮・芦屋8割入れ替わり　高齢化や住宅開発で」（2014年1月12日付）。

阪本真由美［2017］「災害ミュージアムという記憶文化装置――震災の想起を促すメディア」山名淳・矢野智司編『災害と厄災の記憶を伝える――教育学は何ができるのか』勁草書房、所収。

徳山明［2005］「検証テーマ『新たな防災教育と学校防災体制』」復興検証委員会『復興10年総括検証・提言報告――

阪神・淡路大震災』第2巻、所収。

阪神・淡路大震災記念人と防災未来センター［2005］『「震災資料の公開等に関する検討委員会」報告書』。

兵庫県教育委員会［1996］『震災を生きて――記録 大震災から立ち上がる兵庫の教育』。

兵庫県教育委員会［2013］『明日に生きる――中学生用（改訂版）』。

レイヴ、ジーン＆エティエンヌ・ウェンガー（福島真人解説、佐伯胖訳）［1993］『状況に埋め込まれた学習――正統的周辺参加』産業図書。

コラム③　災害の集合的記憶と「教訓」――1995年の阪神・淡路大震災から

［高原耕平］

たどりなおす

あの朝、結局何が起きていたんだろう、と記憶をたどりなおしてみたことがある。押さえようとしても揺れが収まらなくて、布団をかぶったまままわぁぁと声を出していた気がする。西から近づいてくる地鳴りが後から想起に組み込まれて、窓や部屋全体がきしむ音が大人になったこのからだをつつんでいる。1分くらい揺れていて、収まった後に時計を見ると5時47分だった。揺れていた時間はほんとうは15秒ほどで、5時46分がその時刻だといわれるといまでもわずかに違和感がある。父がわたしの部屋を確かめに来て、崩れかかっていた本棚を床に下ろしながら「これが（頭に）落ちとったらアウトやったな」という。妹も弟も父も母もケガはなく、両親の寝室に家族がかたまる。妹と弟が抱き合って泣き始めた気がする。いや、弟だけだったっけ。ベランダから南をみると地平線に細い黒煙が確か3本のぼっている。リビングに下りる階段の踊り場が暗かったような、明るかったような。食卓のそばの本棚が倒れて椅子の背にもたれかかっている。それは父が座る椅子で、ご飯を食べている時間だったらお父さん「アウト」やったんかなと感じた、ということを思い出す。

連続して思い出せるのはこのあたりまでで、その次の場面として思い出せるのは、午前10時ごろ電気が戻ってテレビが突然点いたことである。いや、でも記憶のなかのテレビの位置が明らかにおかしい。思い出せるといっても不確かなものだ。でもテレビが点く前に、食パンを焼かずに食べたことも思い出せる気がする。もう一度たどりなおしてみよう。石材パネルのサンプル品が床に落ちて割れていたし、食器棚の扉も開いていて……とゆきつもどりつしていたとき、あ、自分の家族がこうやって過ごしていた同じときに、みんなそれぞれ死んでいたんだ、と気づいたのが2014年冬のことである。阪神・淡路大震災から19年が経とうとしていた。

そのとき、トラック運転手の「ミノルさん」が倒壊直前の文化住宅から脱出して仕事場に向かっている。そのとき、「夢子さん」は自身が運営する改装したばかりの保育園が全壊したのを確かめる。そのとき、同級生だった山口君が死んでいる。それぞれの場所で、それぞれの物語が始まり、絶たれている。被災地内の人間の数、家族の数だけ物語が並行して進んでいた。わたしはずっとそのことに気づいていなかった。子どもだったからしょうがないのかもしれないけれど。

集合的記憶という概念がある。記憶とは個々人が所有するものではなく、集合性を帯びて、つまり大小の共同体や世代があらかじめ前提としている枠組みや言語に従って分かち持たれ、記銘され想起される働きである、という考え方である。阪神・淡路大震災に限らず、災害や戦災は社会全体の集合的記憶となり、また世代を越えて伝承される。しかし上述の個人的な――しかし集合的でもあるはずの――記憶とその想起にまつわるエピソードを手がかりの一つとして考えてみると、災害の記憶の「集合性」は、その内部にさまざまな屈折や錯綜を含んだものであるように思われる。そのとき同時に５０００名が死につつあったということに19年間気づかずにいたということ、あるとき突然自分の短い記憶が被災地空間に並列する物語にひらけたけれども、かといってその個々の出来事のほとんどは結局わからないままであるということ、とりわけ死者についての記憶はあっても、死者の記憶はそこで絶たれ、決して聴き取ることができないということ。災害の集合的記憶は、そのようないびつさや脆さ、不可解さをひそめている。「分かち持つ」といった表現だけでは、こうした脆さや不可解さがちぎれてしまう。

さぐりなおす

このいびつさや脆さや不可解さが災害の集合的記憶に綴じ込まれる仕組みを考えたい。

まず、災害体験そのものは固有的である。そのときの位置や行動によって、それぞれの身体と視界ごとに固有の体験があり、記憶がある。この固有性はときに緊密な集合性に転化する。震災当日のことなんか覚えてへんやろ、と弟にいったことがある。彼は当時4歳だった。ところが両親の寝室からリビングへ下りて、ガラスの破片などでケガをしないよう母がスリッパか靴を用意したところまでは覚えている、という。そうか覚えてるんか、ぼくはそのスリッパのことは覚えてへんな、そうやったかもしれへんな……と会話を続けた。「あの」1月17日や、「あの」階段とリビングといった想起の共通の前提が確認され語られると、彼の足元に輝いていただろうガラスや陶器の破片が筆者の足元にも散りばめられる。筆者自身の確実な体験の感覚を伴って想起することはないにしても、筆者のそのときの記憶に確かに存在する彼がそのように想起するならば、集合的記憶として破片はそこにある。「家族」はこうした緊密な集合性をしばしば提供するが、すべての出来事が家族史に統合されるのでもない。公園の追悼碑に山口君の名前があったことを確かめたと後に筆者が母に伝えたとき、彼の死を当時筆者に最初に告げたはずの彼女はそのことを覚えていなかった。母により強い刻印を残していたのは妹の同級生の弟と母親のことだった。おおまかな集合性は保っているにしても、このエピソードに限っていえば筆者と彼女は異なる震災の物語を生きてきたのであり、お互いそれに気づいていなかった。

被災程度の低い家族のなかですら記憶の集合性にこうした統合や分離が生じている。被災社会全体では集合的記憶の作用はより微細で複雑である。発災から時間が経つにつれ、被災地はうっすらとした語りづらさと聞きづらさに覆われる。災害の生存者全員がそれぞれ個別の体験を持っているけれども、全員が「語り部」として活動し、手記を著すわけではない。自分の体験を誰かに聞いてほしいという素朴な欲求と、詳しく話してもわかってくれないだろう、傷つくような言葉を切り返されるかもしれないという疑念と、語らずともわかり合っている、思い出したいときにいつでも思い出せるはずだという安心感が混じり合っている。ただ、本当にわかり合っているのか、思い出せるのか、確信を与えてくれるものはない。

こうした体験の個別性に根ざした閉鎖的な集合性は、一面では生存の罪責感や否認によるものと解釈できるけれど、他面では個々人の生存と回復の過程を反映したものでもある。語らないでいること、思い起こさないでいること、忘れられないという苦しみに強い意味を見出さないこと、徐々に忘れてしまっているという悲しさを拒まないこと。こうした保留的態度は表面上のコミュニケーションを抑制し、記憶の集合性を複雑にしてゆく一方で、生存者個々人の物語がわずかずつ醸成してゆく時間を確保する。

災害の集合的記憶をかたちづくるもう一つの契機として、公共の場で開かれる追悼式典、報道、防災教育など、その災害についての定型的な表現を反復するメディアがある。これらは映像や被災者の証言や伝承施設なども用いて災害の「記憶」の存在と伝承を称揚し、オーソライズされた言語表現や儀式の様式を集合的記憶に提供し、被災地域ないしは国家のアイデンティティと集合的記憶を接続する（あるいは、そうした想像の共同体からの離反やオルタナティブを提示する）。こうした営為を通じて、集合的記憶には明晰なロジックや伝承の理念が指定される一方で、脆さや不可解さがうごめく余地は狭まってゆく。被災者は自身の固有の体験の意味を言語化するために定型的表現を部分的に借り、またこうしたメディアへの接触や参画を通じて他者の体験との共通点を探る。

誰が、どのように表現するのか

災害の集合的記憶は以上のように一筋縄ではゆかない性格を持つものだ。そこから「教訓」を探ろうとするわたしたちが掘り下げて考えてゆくべき論点は何だろうか。

一般に教訓とは、ある出来事の体験や記憶から有益なものとして抽出され、体験に対する切実さを帯びたまま結晶化した知識である。とくに災害の場合、その教訓は口承や文書や教育を通じて同時代の人々に伝達され、後続世代の人々に伝承されてゆくことが期待される。

では、〈誰が〉〈どのように〉集合的記憶から教訓を抽出・結晶化し、表現し、社会に根付かせてゆくのか。この問いが災害の集合的記憶と教訓をめぐる切実な論点となる。災害の集合的記憶を分かち持つさまざま主体（個人、地域共同体、行政組織、後続世代、マスメディア、研究者、芸術家など）は、各自固有の体験と表現を抱えている。ある語り方を選ぶことは、別の語り方の可能性を失うことである。また、同じ主体でも、時期やコミュニケーションの相手・文脈によってその表現内容・手法は変化する。すると教訓についても、災害時の対応や「復興」を成功体験として描くのか、地域共同体単位での経験と個々人の物語のいずれに重点を置くか、次の災害に対する「防災」と過去への悼みのいずれを重視するのかといった選択肢が多重に現れる。こうした多重性や集合的記憶の脆さ・いびつさが大切にされず、表現が決まり文句に固定化するとき「風化」が始まっている。

社会学者の標葉隆馬は「数字には表現されない、記録として書き留められない災禍をめぐる無数の……経験・感情・思考、そして時間の経過とともに生じてくるそれらの変化」の総体を「リアリティ」と呼び、しばしば語られず・聴かれないままになるそれらの記録と継承の実践を探っている（標葉編［2021］2頁）。この「リアリティ」の細やかさを保ったまま、なおかつ社会的に有益な「教訓」を獲得し定着させる道筋をさぐるためには、集合的記憶のかたちに対する繊細な感受性が求められる。

こうした感受性が失われたとき、集合的記憶は平板化し、教訓は単調なスローガンになり、災害の意味をめぐって社会や地域共同体や世代間の分断が生じる。だから、〈誰が〉〈どのように〉集合的記憶を表現するのかという論点を掘り下げる経験を積み重ねることは、「復興」や「伝承」や、それに接続した「防災」の土台を深く固めることでもある。

この問題がとくに先鋭化するのは、ミュージアム、追悼式典、教育など、集合的記憶と教訓の表現が公共性を帯びて現れる場面である。ここでミュージアムに限定して言及すると、たとえば歴史学者の吉川圭太は阪神・淡路大震災の学習施設である「人と防災未来センター」（兵庫県）について、主語と概説を欠き断片化された資料の展示が震災像をかえって単純化しており、「行政的『復興』像」といった「外在的なメッセージやストーリーが付与される」ことにつながっていると批判している（吉川［2022］）。また、民俗学者の菅豊は「東日本大震災・原子力災害伝承館」（福島県）において語り部ボランティアに対する「語りの制限」が開館当初行われたことを取り上げ、歴史実践の「語り手」が官営の災害ミュージアムで選択・排除されやすい構造を指摘している（菅［2021］）。いずれの事例も、〈誰が〉〈どのように〉集合的記憶と教訓を表現するのかという問いが徹底的に掘り下げられず、膨大な固有性を内包した「リアリティ」への感受性を欠いたことから生じた問題であるといえる。

以上のように、災害の教訓を探る実践は、教訓の具体的内容の抽出にとどまるのではなく、集合的記憶を表現すること（語ること、伝えること、聴くこと、書き留めること、思い出そうとすること、忘れていること）への問いと並行することで意味を持つ。すなわち〈誰が〉〈どのように〉集合的記憶と教訓を表現するのかという問いを丁寧に探ることが求められる。さらにこの問いは、災害の集合的記憶を〈わたしが、誰と〉表現しようとしているのかという問いや、〈わたしと、あなたが〉どのように表現できるのかという問いにまでつながってゆくだろう。

参考文献

アルヴァックス、M（小関藤一郎訳）［1989］『集合的記憶』行路社。

標葉隆馬編［2021］『災禍をめぐる「記憶」と「語り」』ナカニシヤ出版。

菅豊［2021］「災禍のパブリック・ヒストリーの災禍——東日本大震災・原子力災害伝承館の『語りの制限』事件から考える『共有された権限』」標葉隆馬編『災禍をめぐる「記憶」と「語り」』ナカニシヤ出版、所収。

吉川圭太［2022］「震災資料と震災展示——阪神・淡路大震災記念人と防災未来センターをめぐって」『歴史評論』第865号。

第7章 科学技術への期待と限界

――ウイルスの正しい知識と感染症対策の教訓

［秋光信佳］

はじめに

都市が発展して人口が稠密化すること、移動手段の発達によって短時間かつ広範囲なヒトの移動が可能になること、これら二つが現代における感染症流行の基盤となる。大規模な都市の形成と交通手段の発展は、いずれも科学技術の発達のうえに成り立っている。少々乱暴な言い方をすると、科学技術の発達が感染症の世界的流行というパンデミックを作り出したともいえる。

本章では、最初にウイルスに関する最新の科学的知識を紹介する。次に、人間社会の発展と感染症に関する歴史を概説し、感染症が流行する仕組みを論じる。とくに、農業革命から始まる文明の発展に着目し、歴史的な出来事にも触れ、感染症の発生と流行の仕組みを説明する。さらに、ウイルス感染症と人類の戦いの歴史、すなわちワクチン開発という科学技術を概説したうえで、多くの病原性ウイルスを未だ根絶できない原因について考察する。最後に、1976年のアメリカ豚インフルエンザ事件の教訓を紹介し、感染症対策における「失敗」の要因について考察する。

ウイルスに関する知識や治療法の開発は科学技術が取り扱う範疇であるが、感染症対策には社会科学の知恵も必要である。本章ではそのことを明らかにしたうえで、第3章で述べた社会と科学技術の協働の難しさとともに、災害対策において科学技術は有効であるが万能ではないこと、そして科学技術に対する過剰な期待が、時として災害対策を困難にすることを説明する。

1 ウイルスとは何か

感染症と病原体

感染症とは、ヒトや動物などの生体（宿主）に微生物等が侵入して異常に増殖し（感染）、それによって引き起こされる病的状態を指す。病原体は、ヒトを含めた動植物に病気を引き起こす微生物あるいは物質と定義され、微生物としては、ウイルス、バクテリア、真菌類・原虫、寄生虫があげられる。本節では、とくにウイルスに注目し、その実態と感染症について説明する。

1670年から1680年ごろに、オランダのアントニ・レーヴェンフックが自作のレンズで原生動物や細菌を発見したことが、人類が初めて微生物を観察した記録である。ヒトの細胞の大きさは10から20マイクロメートル（マイクロメートルは１０００分の１ミリメートル）程度、細菌の大きさは１マイクロメートル前後である。一方、典型的なウイルスの大きさは１００ナノメートル（ナノメートルは１００万分の１ミリメートル）程度で、ヒトの細胞の１００分の１以下の大きさである。

これほど小さいと、光学顕微鏡（小中学生が理科の授業で使用するタイプの顕微鏡）で観察することは不可能である。そのため、１８９０年代になって初めてウイルスは発見された。ちなみに、アメリカのロックフェラー研究所で行った病原性細菌・梅毒スピロヘータの研究で名を残す野口英世は、黄熱病の原因となる細菌を発見しようとしてアフリカの地で自らが黄熱病に感染し、１９２８（昭和３）年に命を落とした。しかし、黄熱病の原因は黄熱ウイルスと呼ばれるウイルスであった。その後、１９４０年代に電子顕微鏡を使うことで、人類は初めてウイルスの姿を観察することが可能となった。

ウイルスとは何か

ウイルスの起源については諸説あり、科学的に確定されていない。ウイルス起源説のなかで、ウイルス優先仮説と脱出仮説と呼ばれる二つの仮説が広く受け入れられている。

ウイルス優先仮説とは、細胞からなる生物（細胞性生物）の祖先が地球上に現れる前の世界に存在した原始生命体から、ウイルスが進化してきたという考えである。つまり、ウイルスは現在の細胞性生物とは異なる由来であると考える説である。

脱出仮説とは、細胞性生物の遺伝子の一部からウイルスが発生したという説である。つまり、われわれ人類とウイルスとは兄弟のような関係であるとする考えである。ウイルスを生物と考えるか否かについては議論がある。しかし、自己を複製し、多様な子孫を生み出すウイルスは間違いなく生物としての特徴を有する。

ウイルスには病原性を持つ種類とそうでない種類がある。病原性ウイルスはヒトや動物の細胞に侵入、増殖し、そして細胞外に放出される過程で細胞の働きを邪魔したり、時には細胞を破壊する。短時間に多数の細胞が破壊されると、組織や臓器が機能不全となり、病的状態となる。あるいは、宿主体内の細胞内で増殖する過程で、宿主組織に炎症を起こしたり、宿主に過剰な防御反応（免疫応答）を惹起する。新型コロナウイルスで有名になったサイトカインストームもウイルスに感染した宿主の過剰な免疫応答である。このようにわれわれの身体を構成する細胞を破壊したり、あるいは免疫異常を引き起こしたりすることで、ウイルスは生体を病気にする。

ウイルス感染経路

病原体感染が起きるには、病原体、感染経路、宿主という三つの要因が揃う必要がある。逆にい

表7-1　ウイルスの感染経路

感染力	感染経路	感染範囲	ウイルスの種類
弱	経口	直接	ノロ
↓	接触	直接	ノロ、インフルエンザ、RS、麻疹、水痘帯状疱疹
↓	飛沫	1～2ｍ	ノロ、インフルエンザ、RS、麻疹、水痘帯状疱疹
強	空気	広範囲	麻疹、水痘帯状疱疹

えば、これらのいずれかを取り除くことで感染を防ぐことができる。感染防止対策では、とくに感染経路の遮断が最も重要である。そこで、ウイルス感染経路について説明する。

　ウイルスが宿主に感染する主な経路は、経口感染、接触感染、飛沫感染、空気感染である。一般的に、この順番とウイルスの感染力は相関する（表7-1参照）。すなわち、空気感染できるウイルスは、経口、接触、飛沫のいずれの経路でも感染することが多い。なお、単独の経路でウイルス感染するのではなく、複数経路で感染するものが多い点に注意が必要である。公衆衛生対策では、ウイルス感染のこうした性質を十分に理解する必要がある。

　経口感染とは、病原体を含む水や食べ物を介して感染することである。たとえば、ノロウイルスに汚染された貝類を十分に加熱しないで摂取した場合、ノロウイルスに経口感染する。ちなみに、ノロウイルスは後に述べる接触感染も飛沫感染もする。

　接触感染とは、感染源である人に触れることで伝播する直接接触感染（握手やだっこ）と、汚染されたものを介して伝播する間接接触感染（ドアノブや手すり）の場合に分けられる。接触感染で広がるウイルスの代表例は、ＲＳウイルスである。ＲＳウイルスには、生後1歳までに半数以上が、2歳までにほぼ１００％の乳幼児が感染する。

飛沫感染とは、感染している人が咳やくしゃみをした際に口から飛ぶ、病原体がたくさん含まれた水しぶき（飛沫）を、近くにいる人が吸い込むことで感染することである。飛沫が飛び散る範囲は１～２ｍである。インフルエンザウイルスが代表的な飛沫感染を起こすウイルスである。

空気感染とは、感染している人が咳やくしゃみをした際に口から飛ぶ5マイクロメートル以下のエアロゾルと呼ばれる微細飛沫、あるいは口から飛び出した飛沫が乾燥し、その芯（飛沫核）となっている病原体が感染性を保ったまま空気中を漂い、空気の流れによって拡散し、近くの人だけでなく、同室（閉じられた空間）にいる人もそれを吸い込んで感染する状態を指す。飛距離は数メートル以上ともなり、麻疹（はしか）ウイルスのように感染力の強いウイルスの場合、免疫を持たない人が感染者と同じ電車の車両に同乗すればほぼ全員感染するといわれている。このように、ウイルス感染にはさまざまな感染経路があり、感染防止対策もおのずと変わってくる。

ウイルスの種類ごとに自然環境中で感染力を維持する期間が異なることを理解することは、感染防止対策を考えるうえで重要なポイントである。多くのウイルスは紫外線や高温に弱いが、ノロウイルスは非常にしぶといウイルスとして知られ、井戸水中で3年以上感染力を維持していた例が知られる（山内［２０１８］）。アルコールや洗剤でもノロウイルスは不活性化（感染力を失うこと）しない。一方、インフルエンザウイルスはアルコールで容易に不活性化させることができる。このように、ウイルスごとに感染力を維持する期間や不活性化方法が異なることも、感染症対策を策定するうえで重要なポイントとなる。

ウイルスごとに異なる潜伏期間と不顕性感染（無症状感染）の有無も注意すべきポイントである。潜伏期間とは、ウイルスなどの病原体に感染してから最初の症状が発現するまでの期間である。また、不顕性感染とは、病原体が感染したにもかかわらず、感染症状を発症しない状態のことをいう。不顕性感染状態の人は、自分自身は症状を発症しないが、病原体を排泄し、周囲の人に対する感染源となる可能性が高い。

季節性インフルエンザでは、1～3日間ほどの潜伏期間の後に、発熱、頭痛、全身倦怠感、筋肉痛・関節痛などの臨床症状が現れる。日本における季節性インフルエンザの流行シーズン（12月から3月）あたりの患者数は1000万～2000万人と推計されているが、不顕性感染がどの程度の数かはわかっていない。2020～2021年に流行した新型コロナウイルスでは、潜伏期間は5日程度であり、不顕性感染が起こる割合も高いと推計されていた。季節性インフルエンザに比べて、相対的に長い潜伏期間、高い不顕性感染割合、高い感染力、といった新型コロナウイルスの特徴がパンデミックを引き起こす要因になったと考えられる。

ウイルス感染と病気

次に、体内に侵入したウイルスがどのようにして細胞に侵入し、宿主を病気にするかを説明する。

ウイルスが侵入できる細胞はウイルスごとに決まっている。たとえば、インフルエンザウイルスは気道の粘膜上皮細胞に感染するが、これは、粘膜上皮細胞の表面に存在するシアル酸と呼ばれる生体物質（タンパク質、ＤＮＡ、脂質、糖鎖など生体を構成する有機化合物）とインフルエンザウイルスの表面のヘマグルチニンＨＡというタンパク質が鍵と鍵穴のようにぴったりはまるからである。つまり、ウイルスタンパク質のヘマグルチニンＨＡが鍵に相当し、細胞表面のシアル酸が鍵穴に相当する。両者がぴったり一致するとき、ゲートが解錠され、ウイルスが宿主細胞内に侵入し、感染が成立する。鍵穴に相当する受容体を持たない細胞にはウイルスは侵入できないので、ウイルスは特定の細胞にのみ侵入する。

新型コロナウイルスは、ウイルス表面の突起状のスパイク・タンパク質が細胞表面のＡＣＥ２タンパク質に結合し、細胞に侵入して増殖する。そして次々と細胞にダメージを与えることで肺機能や免疫機能が低下し、急性呼吸器症候群と呼ばれる重篤な肺炎などを引き起こす。さらに、ウイルス感染に対する体の反応が発熱などの不快な病的症状を引き起こす。

ウイルスは細胞内でたくさんの子ウイルスを生み出す。このとき、ウイルスの遺伝子にわずかな変異が起きることがあるため、少し変わった子ウイルス（変異株）が生み出される。ウイルス変異株のなかには、親ウイルスに比べて感染力が強いものや毒性が強くなったものが偶然生み出されることがある。ウイルスは速く増えるため、世代交代が早い。そのため、感染力の強い変異ウイルスはあっという間に広がる。それゆえ、ウイルス感染対策を考える際、変異ウイルスの出現を常に意識した対策が重要になる。

病原体から自分を守る免疫

さて、われわれはこのようなウイルスによる蹂躙になされるがままなのであろうか。答えは否である。われわれはウイルスと戦う仕組みである免疫を持っている。

免疫は、まず異物を非自己として認識することから始まり、さまざまな細胞や分子が相互に関与しながら、これら非自己を排除しようとする複雑なネットワークを形成している。ヒトを含めた脊椎動物の免疫は、自然免疫系と獲得免疫系の2種類に分けられる。体内に侵入した異物を認識してただちに排除する自然免疫と、侵入した異物の情報をリンパ球が認識し、その情報に基づいて特定の異物を排除する獲得免疫が存在する（図7－1参照）。

自然免疫は、侵入してきた病原体をいち早くみつけ、それを排除する仕組みである。病原体を見分けるタンパク質をレセプターと呼ぶが、一つのレセプターが、多種類の異物（病原体の分子）に反応するマルチな働きを持つ。一方、特定の病原体に繰り返し感染しても自然免疫能が増強するこ

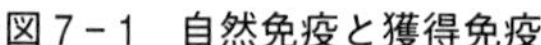
図7－1　自然免疫と獲得免疫

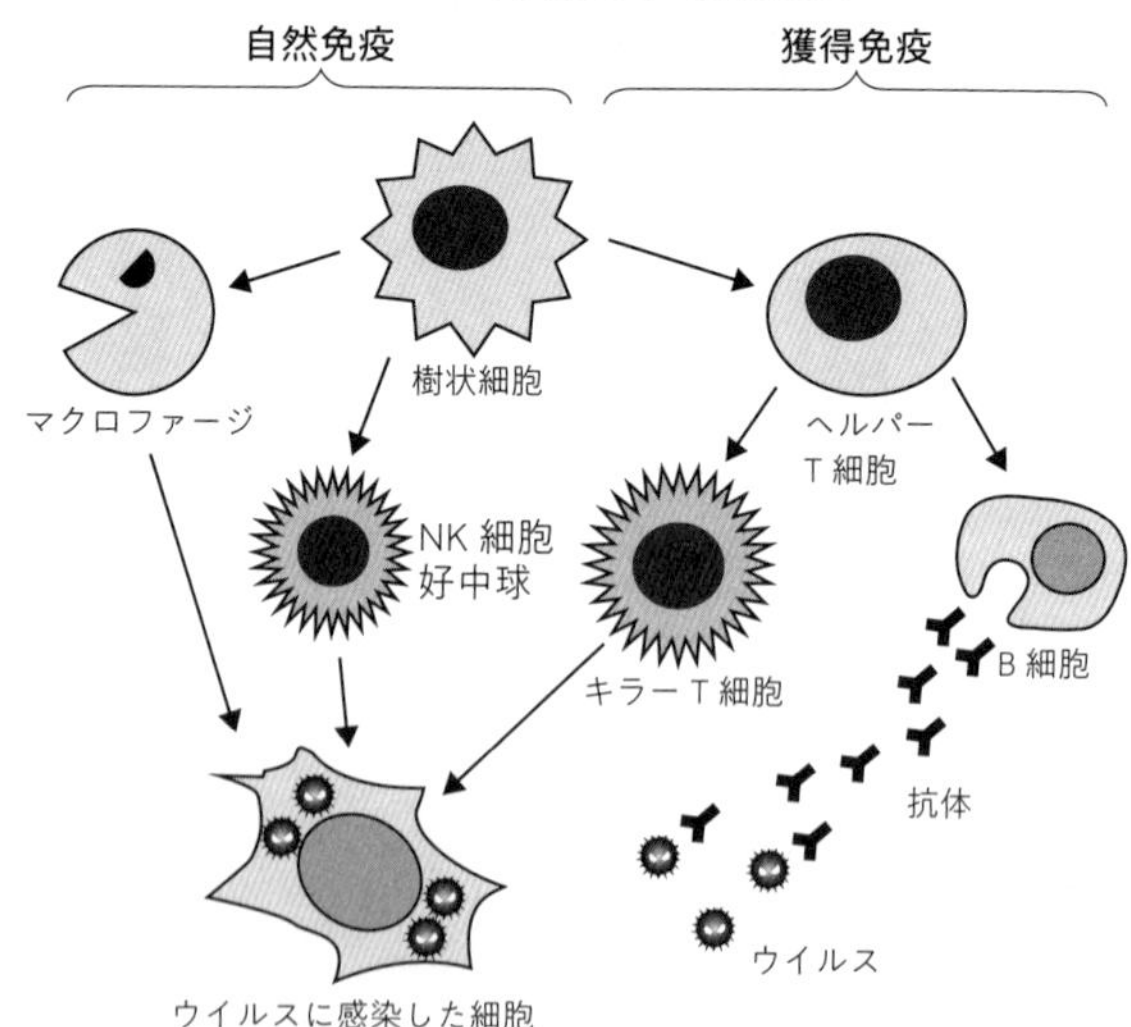

とはない。自然免疫の仕組みで中心的に活躍する細胞は、主にナチュラル・キラー細胞（NK細胞）、好中球、マクロファージ、樹状細胞といった食細胞である。また、リゾチームなどの抗菌タンパク質も重要な役割を果たす。さらに、細胞のなかにもウイルスを監視するセンサータンパク質やウイルスを直接攻撃するタンパク質が存在する。

獲得免疫とは、感染した病原体を特異的に見分け、さらにそれを記憶することで、同じ病原体に出会ったときに効果的に排除する仕組みであり、適応免疫とも呼ばれる。ここで活躍している免疫担当細胞は、主にT細胞やB細胞といったリンパ球であり、B細胞が作り出す抗体が中心的役割を果たす。ワクチンとは、この獲得免疫の仕組みを利用して、病原体に対する抗体を体内に事前準備させることである。自然免疫に比べると、獲得免疫の仕組みが働くまでには数日の時間が必要であるが、いったん働き出すと、とても効率的に病原体を攻撃することができる。

ヒトの身体がウイルスに感染すると、白血球などの免疫細胞が異物であるウイルスを直接攻撃、あるいはウイルスに感染した細胞を排除する。この戦いの過程で、インターフェロンやサイトカインと呼ばれる防御タンパク質が作られ、それらが脳内の体温調節中枢に働きかける。すると、体温中枢が発熱シグナルを全身の体温調節器官に送り、発熱を促進したり放熱を抑えたりすることで、体温が上昇し発熱する。発熱することで、ウイルスそのものの増殖を阻害したり、白血球やマクロファージを活性化することで免疫機能を高めたりする。すなわち、発熱は体内の免疫という防御の仕組みがウイルスと激しく戦っている証拠である。

一方、このような宿主側のさまざまな防御に対し、防御網を回避したり無力化したりする巧妙な仕組みを多くのウイルスが発達させている。進化の過程で、ウイルスも、ウイルスが感染する宿主も相互に戦う術を発展させてきたのである。まるで人間社会の軍拡競争のようだ。

ウイルスと人類との深い関係

ウイルスが人類の脅威となることもあるが、ヒトがヒトとして進化するうえで、また、現在のわれわれが健康に生きるうえで、ウイルスが重要な役割を果たしてきたことを紹介する。

ヒトの全遺伝子の集合をゲノムDNAと呼ぶが、このゲノムDNAを調べてみると、ヒトゲノムDNAのうちの約8％がウイルス由来のDNAであることがわかっている。なぜかというと、進化の過程で、数多くのウイルス遺伝子がヒトのゲノムDNAのなかに潜り込んだからである。つまり、ヒトの設計図ともいえるゲノムDNAにウイルスの情報が数多く書き込まれているのである。この事実からも、ウイルス遺伝子がヒトの進化に大きな影響を与えていることがうかがえる。

さらに興味深いのは、哺乳類の雌が体内で胎児を育てる能力は、ウイルス由来の遺伝子に担われていることである。妊娠中の母体と胎児は胎盤でつながっている。いわゆるへその緒であり、妊娠中は母胎側と胎児側の胎盤がしっかり結合し、母体から栄養や酸素を胎児に運んでいる。母胎側と胎児側の胎盤がしっかり結合するためには、お互いの細胞が融合（二つの細胞が一つになること）する必要があり、この母親の細胞と胎児の細胞の融合にシンシチンというタンパク質が重要な働きをしている。なんと、このシンシチンは、約2500万年前のわれわれの祖先に感染したウイルスの遺伝子だったのである。このように、長い進化の時間のなかで、ヒトはウイルスの遺伝子さえも利用してきたのである。ウイルスは病原体としての側面のみならず、人類進化にとって重要な遺伝子の材料にもなったという二面性を持ち合わせている。

2　人類と病原体との戦いの歴史

疫病の誕生

疫病とは、集団発生する感染症のことである。日本でも、疱瘡（天然痘）・麻疹（はしか）・赤痢・インフルエンザ・結核などが疫病として流行してきた。このうち、疱瘡・麻疹・インフルエンザは、ウイルスが原因の疫病である。

現在知られる病原性ウイルスの多くが、もともとは家畜や野生動物に感染するウイルスであった。2022年現在、猛威をふるう新型コロナウイルスもコウモリから由来すると考えられている。本来は動物を宿主としていたウイルスが、偶然、ヒトにも感染するようになり、ヒト集団で感染を繰り返すなかでウイルスがヒトに適応してヒトの病原体になった例が多数知られている。長い進化のなかでウイルスは宿主を渡り歩き、時折、偶発的にヒトにも感染するようになり、その一部がたまたま病原性を発揮する。

麻疹ウイルスは、約8000年前に牛の牛疫ウイルスがヒトに適応した結果、ヒトの間でだけ感染するようになったと考えられている。天然痘ウイルスは約3000年前に、アフリカで齧歯類（げっし）が保有する祖先ウイルスがヒト集団で持続的に感染するなかでヒトに適応して、ついにはヒトにだけ感染するように変わったものと推測されている。

自然状態では、動物のウイルスがヒト集団に定着することはきわめて稀であった。とくに、病原性の強いウイルスであればあるほど、速やかに感染者を死に追いやるため、あっという間に感染できる宿主がいなくなり、ウイルスも消える。ところが、約1万年ほど前に病原性ウイルスとヒトとの関係に転機が訪れた。このころに始まった牧畜によって、ヒトは動物と濃密に接するようになり、動物のウイルスとヒトが頻繁に接する機会が訪れた。さらに、同じころに始まった農耕が人口増加をもたらし、さらに都市国家を成立させ、人口の集積を引き起こした。都市における稠密な人口は、ウイルスがヒトの間を持続的に感染できる機会を生み出した。

また、都市では新生児というウイルスに感染したことのないヒトが継続的に供給されるため、免疫のない新生児にウイルスが次々感染することで、ウイルスが人類に定着しやすくなった。このように、ヒトの間でウイルスが感染を継続する過程で、よりヒトに感染しやすい性質を獲得したウイルスが誕生するに至った。新たに人間世界に定着したウイルスのなかには、ヒトに強い病的状態を引き起こすウイルスが存在し、このようなウイルスが疫病と呼ばれる流行性の感染症の原因となった。すなわち、文明の発祥が疫病を生み出したのである。ウィリアム・マクニールいわく、疫病は文明特有な病気なのである（マクニール［2007］）。

疫病は歴史も動かしてきた

紀元前430年、スパルタが古代アテナの港湾都市を制圧したとき、アテナは籠城を選んだが、その結果、城壁内で疫病が蔓延し、人口の3分の1近くが死亡したとされる。籠城でヒトがひしめき合ったことが、疫病発生の一原因と考えられている。この後も、戦争と疫病がまるで双子の禍津神（まがつがみ）のように歴史を動かしてゆく。

スペイン軍によるインカ帝国の征服にも疫病が重要な役割を果たしている（ダイアモンド［2000］）。16世紀、ピサロ率いる168人のスペイン部隊が4万人の兵士を擁するインカ帝国を征服したが、この征服の成功は、ヨーロッパから持ち込まれた天然痘がインカ帝国の人口を激減させたことが大きな要因である。新大陸が発見された当時、南北アメリカ大陸には2000万人の先住民がいたが、その後の200年間で人口が100万人に激減したのは、天然痘をはじめとする欧州大陸からのさまざまな感染症の持ち込みが原因であるとされる。このように、異文化交流が疫病を引き起こす。もともと特定地域の風土病として存在した病原性ウイルスが、異世界との交流拡大によるヒトや物の往来に伴い、これまで同種のウイルスが存在しなかった地域にも伝播することが歴史上で数多く存在した。日本でも銭の病という疫病が平安期に流行しているが、これらは当時活発化した中国との交流によって輸入された感染症であると考えられている。

時代がくだり、18世紀半ばに産業革命が起きると、工場制機械工業が発展し、工業都市への労働者の集中を促した。同時に進行した中央集権化が都市部への人口集中を加速させた。麻疹ウイルスの存続には25万人から50万人の規模の人口集積が必要と見積もられているが、大都市の形成こそが麻疹ウイルス誕生の苗床となったといえる。さらに、高度な工業文明は、原材料となる資源を求めて未開の地を開拓し、新たな市場を求めて世界規模での物流と人的交流を要求する。これらの活動は人類が新たなウイルスに遭遇する機会を増やす。そのうえ、世界規模での物流と人流のネットワークは、いったん新しいウイルスが人類社会に登場した場合、短期間に世界中にウイルスを拡散させる装置ともなる。

産業革命以後の急速な人口増加により食料需要が高まった結果、効率化された養豚場や養鶏場などの単一の動物種による大規模で過密な動物社会が人間世界のなかに出現した。これも新しいウイルス登場の母胎となっている。たとえば、養鶏場では鳥インフルエンザウイルスの感染がしばしば発生している。鳥インフルエンザウイルスはもともとカモのウイルスであったが（カモは病気にならない）、畜産業の発達によって多数のアヒルとニワトリが集団で飼育されるようになり、アヒルを介してカモからニワトリにウイルスが感染伝播するようになった。時には、カモからニワトリに直接インフルエンザウイルスが伝播することもある。そして、20世紀後半から、鳥インフルエンザウイルスがしばしばニワトリからヒトに感染するようになってきたが、その場合のヒトの致死率は50％を超えている。現在のところ鳥インフルエンザウイルスがヒトからヒトに直接感染する事態にはなっていないが、これまでのウイルス感染の歴史をみると、鳥インフルエンザウイルスがヒトの間で伝播するように変異することはいつ起きても不思議ではない。

このように、先進諸国では、大都市に代表される人口密度の増加、遠隔地間の交流の増大と迅速化、家畜という大規模で過密な単一動物社会の内包、という感染症が流行するための条件が揃っている。まさに文明こそが疫病のゆりかごである。ヒトが文明社会を構築しその便益を甘受しているかぎり、ヒトは疫病と常に隣り合わせなのである。この点から、世界規模のパンデミックは決して想定外ではない。ただし、パンデミックがいつ起きるか、どのような病原体が原因となるか、どの程度の感染規模になるかは予測できないため、対策を困難にしている。第3章でも述べたが、高度にシステム化された先進諸国にとって、未知の病原体によるパンデミックへの対処には多くの困難が発生する。

疫病との戦い

現在、病原性ウイルスとの戦いで最も有効な手段はワクチンである。ワクチンによるウイルス感染症との戦いは、制圧、排除（あるいは撲滅）、根絶の3段階に分けられる（山内［2009］）。第1段階の制圧は、ワクチン接種により、ウイルス感染の発生頻度や激しさを無害なレベルにまで減少させることができた状態をいう。第2段階の排除（あるいは撲滅）は、特定の国または地域でウイルス感染の発生がみられなくなった状態を指す。第3段階の根絶は、全世界で当該ウイルスによる感染症の発生がみられなくなった状態である。

これまでに人類が根絶に成功したウイルスは、天然痘と牛疫だけである（山内［2018］）。天然痘は1980年に世界保健機関（WHO）により、牛疫は2011年に国連食糧農業機関（FAO）と国際獣疫事務局（OIE）により、それぞれ根絶が宣言された。麻疹はWHOによる根絶計画が現在進行中で、日本を含めた先進国の多くで排除できているが、まだ根絶には至っていない。

天然痘ウイルスはヒト以外の動物には感染しないため、いったん人類社会から排除できれば、他の生物でウイルスが生き延びて、再び人類社会に戻ってくることはない。また、ヒトは天然痘ウイルスに対して強い免疫を獲得できるため、一度感染すると、再び感染することはない。この特徴は、有効性の高いワクチンを開発できることを意味しており、事実、天然痘ワクチンの有効性はきわめて高かった。さらに、天然痘ウイルスの遺伝子は変異の速度が遅いため、一つのタイプのワクチンだけでも予防が可能であった。そのうえ、天然痘には不顕性感染がなく、その症状は典型的であるため、誰でも感染者を容易に見分けることができる。この特徴は感染者の特定や隔離を容易にし、流行地域の特定も可能にする。これらの特徴から、天然痘ウイルスの根絶は可能であった。

一方、毎年流行するインフルエンザウイルスは鳥や豚などにも感染するため、ヒト集団から一掃しても動物世界からウイルスが再び伝播する。新型コロナウイルスの完全撲滅が困難であると考えられている一因は、ウイルスが人間以外の野生動物にも感染するからである。

現在、科学は疫病に対して万能ではなく、ある制約のもとでのみ有効である。もちろん、科学や医学の進歩は感染症を含めて多くの疾患の原因を究明し、解決法を発明してきた。これまで述べてきたウイルスに関する知識も科学の成果である。一方、新たな病原体の出現がそれまでの医学的常識をくつがえした例は枚挙にいとまがなく、われわれの科学知識と技術は不完全なのである。しかし、先進諸国では感染性疾患が死因の上位から陥落してから久しいため、われわれは感染症を撲滅しつつあるかのように思いがちである。

読売新聞・論説委員長である老川祥一は、過去のパンデミックの歴史を「知識として」知っているとしたうえで、「科学技術や医学が高度に発達したこの現代社会で、コウモリ由来といわれる新型コロナウイルスがある日突然現れて、あっという間に世界中を大混乱に陥れてしまうとは、夢にも思っていなかった」（読売新聞［2021］1頁）と述懐している。科学技術に対する信頼が強固であるほど、科学の無力さに直面するとき、われわれの社会は大きく動揺する。

先進諸国では多くの人々が感染症を十分にコントロールできている、すなわち第5章でみた「飼い慣らされた問題」として考えていたことを如実に示す例といえよう。しかし、これが大きな勘違いだったのである。感染症は、時に、われわれ人類の英知をもってしても解決できない「厄介な問題」として、突然、われわれの前に姿を現すのである。

ウイルスも生き延びようとする

ここで、生命の本質とは何であろうか。この問題は古来多くの科学者や哲学者の興味をひき、さまざまな議論がなされてきた。ここでは哲学的な議論には踏み込まず、生命体（生物）の本質として比較的受け入れられている考えを取り上げたい。一つは生命現象に特徴的な自己複製、もう一つは子孫を作る過程で生じる変異の発生と蓄積である。生物は基本的に同一の遺伝的要素を有する子孫を残すことで、種を維持する。トンビの子はトンビであり、トンビが鷹を生むことは決して起きないということである。自分と同じ生物を子孫として生み残していくことが自己複製である。一方、自己複製とは一見矛盾するように思えるが、生物は自己複製の過程でわずかな変化（その原因はDNAの遺伝子変異と呼ばれる現象である）を起こす。この遺伝子変異という変化が生物に新しい能力をもたらしたり、新しい生物を生み出す温床となっている。つまり、次々と子孫が作られていくなかで少しずつ遺伝子変異が積み重なり、数十世代、数百世代を経ると最初の生物の性質と大きく異なる子孫が生み出されうるのである。

インフルエンザウイルスは遺伝子を変化させやすく、1年で8カ所の変異を作るといわれている。さらに、インフルエンザウイルスは宿主の細胞のなかで増殖する際に、異なるインフルエンザウイルス間で遺伝子の交換をするため、豚や鳥のインフルエンザウイルスが、突然、ヒトにも感染する能力を持つといったことが起きる。そのため、われわれは毎年新たにインフルエンザウイルスのワクチンを開発する必要があるのである。新型コロナウイルスも変異のスピードが速く、1年間で20カ所以上の変異を起こすと推定されている。2021年末現在、人類は新型コロナウイルスに対するワクチンを手に入れているが、現在のワクチンが効かないウイルスが生まれる可能性が十分にある。実際に、初期の新型コロナウイルス・ワクチンは2022年に流行したオミクロン株に対する効力は弱くなった。

遺伝子変異の蓄積が環境の変化や新しい環境への適応において決定的に重要な役割を果たす。有名な例をあげると、チャールズ・ダーウィンがガラパゴス諸島で発見したダーウィンフィンチやイグアナである。これらは、生息環境に適合した形態を有しているが、それは長い時間をかけて、少しずつ蓄積した変異によって生じたものであると考えられている。そして、ある身体的変化が特定の環境において生存に有利であったがゆえに、その身体的変化を持つ生物が生存競争に打ち勝って現代に生き残ってきた。

少々長くなったが、これまで述べてきたように自己複製と生物機能の変化（変異）が生命の本質であるとすると、ウイルスはこの本質に対してきわめて忠実であるといえる。ウイルスは、宿主細胞のさまざまな生化学反応（たとえば、DNA複製、RNAの転写など）を乗っ取ることで、細胞をウイルス製造マシーンにしてしまう。そして、大量の子孫ウイルスを生み出すなかで、少しずつ性質の違う変異型ウイルスを生み出してゆく。そのなかには、新しい環境に適応できる可能性を持ったウイルスも生み出されるため、ワクチンや薬物に抵抗性を持ったウイルスが発生する素地となる。このように生命の本質を極めているともいうべきウイルスは生き延びることに長けているのである。さらに、ウイルスは増えるとき宿主細胞の仕組みを悪用するため、バクテリアに対する抗生物質のように切れ味の良い抗ウイルス薬を作り出すことが難しい。このような特質を持つウイルスを現代科学で撲滅することはきわめて困難なのである。

生命を考えるとき、長い進化的スパンで考えることも重要である。生命の歴史は繁栄と絶滅の繰り返しであった。生物はある種が滅亡した場合、別の種が空白を埋めてきた。白亜紀の終わりに爬虫類が大絶滅した後、鳥類と哺乳類が地上で繁栄したように。ある病原体を撲滅しても、その隙間を埋めるかのように別の病原体が出現する。すなわち、人類が特定のウイルスを撲滅できてもいずれ新たなウイルスの脅威が出現する。このいたちごっこは、永遠に繰り返されるのである。人間がほかの生命との関わりのなかで生きているかぎり、そしてウイルスも生命体である以上、われわれはウイルスからは逃れられないのである。細菌学者ルネ・デュボスの言葉を借りれば、「疫病の無い世界は幻想」なのだ（デュボス［1964］）。

3　新たなパンデミックに備えて

アメリカ豚インフルエンザ事件からの教訓

本節では、感染症対策の難しさに関する貴重な教訓を伝える『豚インフルエンザ事件と政策決断――1976 起きなかった大流行』を紹介する（ニュースタット＆ファインバーグ［2009］）。この書籍は、1976年にアメリカで起きた豚インフルエンザ・ワクチン接種にまつわる事件について、当時のアメリカ行政内部の意思決定の過程を詳細に紹介している。事件の概略は、以下のとおりである。

当時、豚インフルエンザの世界的流行の兆しを察知したアメリカ行政当局は、1918年のスペイン風邪以来となる世界的パンデミックの発生を恐れ、アメリカ国民を守るために前代未聞の大規模ワクチン接種計画を実施した。しかし豚インフルエンザの大流行は起きず、ワクチン接種は空振りに終わった。接種計画の開始直後からギランバレー症候群（麻痺を伴う神経症状）が発生し、500人が発症し、30人以上が死亡した。この事件はアメリカの公衆衛生政策に大きな傷跡を残した。

ニュースタットとファインバーグは、当時の関係者への詳細な取材を実施し、事件を多角的に分析し、今後の公衆衛生行政への教訓をまとめている。重要な教訓は、パンデミックに直面した公衆衛生行政には普遍的正解はないということである。科学的知見や論理的判断のみで対処法は決定できず、そのときの社会的雰囲気や関係者の思惑に影響されてさまざまな判断や決定が変更を余儀なくされる。

パンデミックにあたっては、病原体対人間という単純な図式は成立せず、そこには、政治、行政機構、製薬企業、保険会社、報道機関、医療機関、一般市民も含めた多様かつ複雑なプレーヤーが存在し、社会的意思決定を困難にする。新型コロナウイルス禍ではソーシャル・メディアが混乱を助長したと指摘されている。パンデミックへの対応では専門家が重要な役割を演じるが、どんな専門分野でも専門性の細分化が存在するため、専門家のアドバイスには狭い専門性と広い視野との間の適正なバランスをとることの困難がつきまとう。さらに、専門的判断を下すポジションにいるのは誰かということがその後の結果を大きく左右する。政策としての感染症対策は、単純な科学の問題ではないのである。

多くの困難が存在するなかで、為政者・行政担当者は、これまでの経験を上回る事態が生じたときに初めて顕在化する課題があることを認識（時には、時代の風潮という捉えどころのない社会的雰囲気が決定的影響力を持つ）することが重要である。台風や地震など比較的発生頻度の高い自然災害に対して、われわれは過去の事例を参考に社会的制度を整え、支援と復旧の手順を準備し、政府、マスコミ、一般社会が事前と事後の対応をある程度共有できる体制を整えている。

一方、新型コロナウイルスのような社会生活を一変させるようなパンデミックの発生頻度は低く、参照すべき過去の事例も限られている。そのため、手探りの施策、場当たり的対応となりがちである。新型コロナウイルスによるパンデミックのような先例のない事態に遭遇した場合、為政者・行政担当者は新しい関係者が出現して公共政策上の意思決定に影響しうることをニュースタットとファインバーグは指摘している。

天災は忘れた頃にやってくる

「天災は忘れた頃にやってくる」は明治の物理学者・寺田寅彦による戒めとして人口に膾炙されるが（中谷［1988］）、災害が発生するたびに、われわれは常にこの言葉を思い出す。

新型コロナウイルスも忘れたころにやってきた。本書で紹介されている大規模な災害の多くは頻繁に起きるものではなく、不意に襲ってくるものである。災害に対して平時に可能なかぎりの備えをしておくことは当然ではあるが、自ずと限界がある。パンデミックのように100年に一度の災害であれば、なおさらである。また、第5章で論じたように、災害経験を教訓とすることは難しい。こうした困難を踏まえ、科学と政治と社会はどのような備えをすべきであろうか。

すべての災害を想定して備えることは困難であるが、政治・行政の役割は、平時から災害に関する正しい知識（自然科学的知識に限らず、社会科学的知識も）の収集・整理に可能なかぎり努めることであろう。そして、災害時は、歴史の教訓を踏まえつつ、正しい知識に則った施策を立案・実行していくことである。

災害時には、さまざまな風評が駆け巡り、正しい行動を阻害する。とくに、専門的知識を持たず、不安に駆られた市民はメディアやSNSを通じた「刺激的な情報」に振り回されることになりがちである。あるいは、専門家に対して過剰に期待し、専門家の予想が外れた場合には、「失敗」として過剰に非難してしまうことがある。第3章で取り上げた西浦教授の例が好例であろう。このような社会的反応が起こることも理解しておく必要がある。

これまで述べてきた過去の教訓を踏まえて、専門家や市民はどのように対処するのがよいのだろうか。社会における多様な価値観の存在を前提にすると、安易に正解を語ることは困難であるが、パンデミック対策のような「厄介な問題」には数多くの不確実性や未知なことが多いことを認めることが第一歩である。科学者・専門家そして市民を包含した社会全体が、その時点での最適解を導き出すためには、科学と政治と社会が友好的にコミュニケーションをとることが大事であろう。市民や行政は、科学知識に敬意を払いつつも過度な期待をしないことが大切である（科学とは常に進歩の途上にあり、常に不完全なものである）。一方、科学者も非専門家に対する説明責任を自覚しつつ、事実説明に努めるとともに、科学知識の限界についても真摯に説明するべきであろう。科学者や専門家を妄信するのではなく、また、過度に不信感を抱くのでもなく、科学者・専門家の知識・考えは完全ではなくとも、困難な課題に対処するうえでより良い解決に貢献することを理解し、政治や社会は専門家を上手に活用することが大事と社会も専門家も理解する必要がある。

自然科学の発展によってわれわれは自然を征服したかのように錯覚しがちである。しかし、これはまったくの幻想である。医学史家、ジャーナリストのマーク・ホニグスバウムは、科学的知識の発展が、「いつなんどき起きてもおかしくないエピデミックの脅威に対する医学研究者の目がとかく曇りがちになる」と述べた（ホニグスバウム［２０２１］14頁）。科学と政治と社会は、自然は征服できないものと自戒し、奢ることなく、謙虚な思いでパンデミックなどの自然災害に向き合うべきであろう。そして、社会全体がunknown unknowns（未知の未知、知らないと知らないこと）が存在することを理解しておくことが、不透明さを増す今後の世界を生きていくうえで重要である。

参考文献

厚生労働省「感染症情報」（https://www.mhlw.go.jp/stf/seisakunitsuite/bunya/kenkou_iryou/kenkou/kekkaku-kansenshou/index.html　２０２２年8月31日閲覧）。

サイド、マシュー（有枝春訳）［２０１６］『失敗の科学――失敗から学習する組織、学習できない組織』ディスカヴァー・トゥエンティワン。

ダイアモンド、ジャレド（倉骨彰訳）［２０００］『銃・病原菌・鉄――一万三〇〇〇年にわたる人類史の謎』草思社。

デュボス、ルネ（田多井吉之介訳）［１９６４］『健康という幻想――医学の生物学的変化』紀伊國屋書店。

中谷宇吉郎（樋口敬二編）［１９８８］『中谷宇吉郎随筆集』岩波書店。

ニュースタット、リチャード＆ハーヴェイ・ファインバーグ（西村秀一訳）［２００９］『豚インフルエンザ事件と政策決断――1976 起きなかった大流行』時事通信出版局。

ホニグスバウム、マーク（鍛原多惠子訳）［2021］『パンデミックの世紀――感染症はいかに「人類の脅威」になったのか』NHK出版。

マクニール、ウイリアム・H（佐々木昭夫訳）［2007］『疫病と世界史』中央公論社。

山内一也［2009］『史上最大の伝染病 牛疫――根絶までの四〇〇〇年』岩波書店。

山内一也［2018］『ウイルスの意味論――生命の定義を超えた存在』みすず書房。

読売新聞東京本社調査研究本部［2021］『報道記録――新型コロナウイルス感染症』読売新聞社。

第8章　科学と政治と社会の協働
──「対話の場」＝「学びの場」の形成

［松岡俊二］

はじめに

20世紀後半から、環境科学分野などで多くの学際研究が展開されてきた。しかし、残念ながら、社会課題の解決に有効な知識創造の方法論の研究開発は進んでいない。その最大の原因は、社会課題を解決するための科学と政治と社会が協働した「対話の場」＝「学びの場」の実践と研究が、表面的で一過性のものにとどまってきたことである。

それでは、地震・津波や豪雨・洪水といった自然災害リスクだけでなく、原子力災害などの科学技術リスク、新型コロナ感染症などの生物災害リスクなどの多様な災害リスクを対象に、科学と政治と社会の協働に基づく「対話の場」＝「学びの場」を形成するにはどうすればよいのだろうか。

本章は、まず、対話とは何か、「対話の場」とは何かについて考える。続いて、「対話の場」の具体例として、1979年3月28日にレベル5の原発事故を起こしたアメリカのスリーマイル島原発2号機（TMI-2）の廃炉事業に関し、アメリカ原子力規制委員会（NRC）が連邦法に基づき設置した市民委員会の13年にわたる「対話の場」＝「学びの場」の活動について紹介する。

最後に、筆者が実践してきた福島第一原子力発電所（1F〔イチエフ〕）廃炉の将来の選択肢を考える「対話の場」と「世代を超えて、地域を超えて、分野を超えて」福島復興をともに考え議論をする、結論を求めないオープンエンドな「対話の場」である「ふくしま学（楽）会」について紹介する。また、「社会のなかの廃炉」「地域のなかの廃炉」アプローチの具体化に挑戦している「1F廃炉の先研究会」および1F地域塾の実践事例から、日本における科学と政治と社会の協働による「対話の場」＝「学びの場」の形成について考える。

1　災害対策におけるパラダイム・シフトの必要性

「釜石の奇跡」とパラダイム・シフトの必要性

東日本大震災による大津波に対する中学生の率先した避難行動によって、2011年3月11日に岩手県釜石市の小中学校に在校していた全小中学生が助かったことは、「釜石の奇跡」として語り継がれている。

海から500mたらずに位置した釜石東中学校の中学生が、隣接する鵜住居小学校の小学生に一緒に高台へ逃げることを呼びかけ、点呼などを省き、手を繫いで避難し、津波災害から約570人のすべての小中学生の命が救われた。

災害時における「奇跡の物語」の多くがそうであるように、「釜石の奇跡」も実際の出来事を単純化しすぎていて、中学生の避難行動を強調しすぎているという批判がある。

確かに、2011年3月11日、釜石東中学校や鵜住居小学校と同じ地域にあった鵜住居地区防災センターへは241人の地区住民が避難し、そのうちの129人が津波で亡くなったと推定されている（釜石市鵜住居地区防災センターにおける東日本大震災津波被災調査委員会［2014］）。釜石市全体でも1312人が死亡・行方不明となり、そのうちの鵜住居地区住民は586人であった。こうした事実からは、「釜石の小中学校の奇跡」ではあったが「釜石の奇跡」ではなかった。

しかし、校庭に避難した小学生78人のうち74人が亡くなった宮城県石巻市の大川小学校の「悲劇」を考えると、小学生と中学生だけとはいえ、在校したすべての小中学生が助かったことは、やはり「釜石の奇跡」といえよう。

「釜石の奇跡」を可能にした大きな要因は、2004年から釜石市が始めた小中学校における津波防災教育であった。2004年から釜石市が防災教育を始めたのは、その前年のチリ地震の津波に対する避難者があまりに少なかったことに釜石市関係者が衝撃を受けたことがきっかけであった。釜石市は、明治三陸地震大津波（1896〔明治29〕年6月15日）と昭和三陸地震大津波（1933〔昭和8〕年3月3日）に襲われ、6687人と407人の市民が亡くなっている。こうした津波災害の歴史を持つ釜石市民でさえ、津波災害から70年が経過すると避難意識は著しく低下していた。釜石市危機管理アドバイザーとして津波防災教育に貢献した社会工学者・片田敏孝は、2020年に出版された『ハザードマップで防災まちづくり——命を守る防災への挑戦』において、2018（平成30）年7月の豪雨災害を踏まえた中央防災会議の報告書に言及し、次のように述べている。

「災害が起きるたびに『避難情報が遅い』『避難情報がわかりにくい』と行政が批判され、マスコミも問題視する。その時々の対策が重ねられることは悪いことではありませんが、その結果、皮肉にも、大切な命そのものである住民のみなさんの危機意識、わがこと感といったことは横に置かれたまま、災害から命を守る対策が国や行政に委ねられ続け、災害過保護の社会構造は何も変わらないようにさえ思えます。……住民が『自らの命は自らが守る』意識を持って自らの判断で避難行動をとり、行政はそれを全力で支援する。行政ありき、ハードありきで進められ、それが功を奏してきたこれまでの日本の防災では考えられない内容です。日本の防災のパラダイムシフトといっても過言ではないほど、これまでの日本の防災の方向性を根本的に見直した、かつてない踏み込んだ提言になっています」（片田［2020］171～172頁）。

片田の主張する防災のパラダイム・シフトのためには、市民と行政と専門家との協働メカニズムの形成が必要不可欠である。そのためには、市民も変わらないといけないし、行政も変わらないといけないし、専門家も変わらないといけない。しかし、市民や行政や専門家の意識や行動の変化を待っていては、災害に対する協働メカニズムの形成は進まない。

「対話の場」＝「学びの場」の形成

「市民や行政や専門家の意識や行動の変化」と「災害に対する協働メカニズムの形成」との関係は、「卵が先か鶏が先か」ではない。科学と政治と社会による協働メカニズム形成の第一歩として、災害対策に関する多様な関係者による多様なレベルの多様な形態の「対話の場」＝「学びの場」の形成が必要である。本章はそれが可能であることを明らかにする。

もちろん、科学と政治と社会の協働の難しさには明確な理由がある。行政用語や専門用語には技術的用語が多く、行政分野や専門分野に属さない市民がこうした用語を理解することは容易でない。また、行政担当者や専門家のなかには、市民の言葉を理解する能力、他者を理解するエンパシー能力に欠ける人々もいる。多くの日本の行政担当者や専門家は専門的能力が高く、誠実で公平ではあるが、市民と行政担当者と専門家との間には相互理解を妨げる高くて硬い壁がある。

専門家の間にも専門分野が異なると相互理解を妨げる壁がある。専門家とは当該分野のほかの専門家に「貴方も専門家である」と認められた人であり、学会などの専門家コミュニティの一員として社会的に認知された人物をいう。イギリスの科学社会学者ハリー・コリンズは、単に専門家による認知だけでなく、専門家コミュニティの持つ暗黙知を共有することが専門家の特性であるといっている（コリンズ&エヴァンズ［2020］）。

筆者は環境経済・政策学が専門で、40年ほど環境問題や環境政策の社会科学研究を続け、自然科学系や工学系の専門家との学際研究も数多く行ってきた。学際研究では、必要に迫られて専門分野以外の論文や書籍を読むことも多い。論文や書籍などに書かれている形式知としての専門知は、自分で勉強し、わからないことは当該分野の専門家に質問すればある程度のことは理解できる。

しかし、地震動や大気環境といったそれぞれの専門分野に存在する暗黙知を、分野外の専門家が知ることはとても難しい。異なる分野の専門家の間で、表面的には議論が成立しているようで、実はあまり嚙み合わない議論が多いのは、暗黙知の共有が難しいからである。

どうすればよいのか。2011年の福島原発事故以来、1F廃炉事業や福島復興政策に関して、市民と行政担当者と専門家の協働による「対話の場」の形成に取り組んできた。しばしば、同僚学者から、専門家どうしでも分野が異なると会話が難しいのに、専門家と市民との対話は無理ではないかといった忠告を受ける。

しかし、この間の経験から、専門家が社会課題に対峙し、市民や行政担当者と協働した「対話の場」を実践していくことでしか、専門家間の相互理解も生まれないと考えている。災害対策などの社会的課題の多くは、「科学に問うことはできるが、科学で答えることはできない」というトランス・サイエンス的課題であり、専門家や行政担当者だけでは市民の社会的納得性を醸成しうる解決策はつくれない。

筆者が専門とする環境科学では、1972年に環境情報科学センターが設立され、77年に科学研究費・環境科学特別研究プログラムが開始され、87年には環境科学会が設立された。爾来、この50年間、1970年代・80年代は公害、90年代以降は気候変動や生物多様性保全などをめぐって多くの学際研究が展開されてきた。しかし、社会課題の解決に有効な知識創造の方法論の研究開発は進んでいない。その最大の要因は、社会課題の解決策のための科学と政治と社会が協働した「対話の場」=「学びの場」の実践と研究が、表面的で一過性の取り組みにとどまってきたことである。

以下では、まず、対話とは何か、「対話の場」とは何かについて考える。

2 「対話の場」とは何か

対話とは何か

社会課題に対する有効な「対話の場」を形成するには、対話とは何か、「対話の場」とは何かについて深く考え、「対話の場」をデザインすることが肝要である。経済学者・暉峻淑子は『対話をする社会へ』のなかで、アリストテレスの有名な「人間は言葉を持つ動物である」という言葉を引用し、対話の定義について考察を進めている。暉峻は、会話、対話、討論、ディベートという四つの区分を設定し、以下のように述べている（暉峻［2017］88〜94頁）。

(1)会　話　会話とは、とくに話題や目的があるわけではなく、好意的な雰囲気づくりを示す「おはようございます」「いいお天気ですね」というような挨拶、あるいは雰囲気を和やかにする雑談である。雑談としての会話は無意味なようであるが、人間社会の潤滑油として必要なものである。

(2)対　話　対話とは、基本的には1対1の対等な人間関係のなかで、相互性がある個人的な話し合いであり、討論やディベートとは違い、特定の人と目的を持って話し合われるものである。対話の特徴は、個人の感情や主観を排除せず、むしろ個性や人格を背景に、自己を解放した話が行われる点である。また、対話は勝ち負けを決めるものではなく、論点を何度も発展的に往復し、参加者相互に発見があり、視野が拡大することが対話の特徴である。そのため「対話の意味はそのプロセスにある」といわれる。

(3)討　論　討論とは、対話のような個人的話し合いではなく、討論の目的が明示され、より良い解決策のための結論を求めるものである。結論が得られない場合でも、情報交換によって、多様な人々の考えを知ることができることが討論の目的と考える人もいる。対話と討論は、取り上げるテーマや話し合いの方法が異なるが、「理解する、共感を持つ、他者の異なる意見によって啓発される」というエンパシー能力の形成という点では同じである。

(4)ディベート　ディベートとは、あらかじめテーマに対する肯定と否定を明確に分け、一定のルールのもとに議論を闘わせ、勝ち負けを決める競技である。討論では論点が動くことがあるが、ディベートでは最初に提示された論点が動くことはない。対話や討論では共感が重要な要素であるが、ディベートは共感を求めない。

暉峻の述べる対話と討論の区別は厳密なものではない。暉峻は著書の後半で、「行政と住民との対話でつくられた道路」という対話の成功例を紹介している（暉峻［2017］208〜240頁）。東京の調布保谷線道路拡幅工事に対する自然環境保全を求める住民運動を受け、道路の機能性と周辺地域の自然環境との両立を考えるため、地域住民と東京都、調布市、三鷹市とが協働で設置した協議会の事例である。この協議会は、道路政策への代替案作成と社会的合意形成という明確な目的を持った「対話の場」である。上記の暉峻の四つの区分でいえば討論にあたると考えられるが、暉峻はこれを対話の事例として紹介している。

本章における対話は、暉峻の四つの区分では討論に近いものであるが、対話と討論は同じものとして取り扱う。対話とは、災害対策といった社会課題に対し、科学と政治と社会が協働して「場」

を形成し、より良い解決策の創造のため、お互いの意見や知識や情報を交換するプロセスと定義する。対話のデザインには、以下の三つのポイントがある。

第1は、一つの結論を求めるのではなく、対話のプロセスから、できるだけ多様な将来の選択肢を考え、共有することである。将来の複数の選択肢を考える際は、実現可能性にこだわりすぎないようにすることも大切である。現在の技術水準や経済水準で技術的可能性や経済的可能性を考えると、多様な未来の選択肢の可能性を狭める。

第2は、将来の選択肢の対話は、技術的側面だけでなく、社会的側面も含めた検討が必要であるということである。そのためには、技術系専門家だけでなく社会系専門家も含めることが重要である。また、異なる意見を持った専門家を包摂することも重要である。

第3は、社会課題が認識された早い段階、行政が検討を開始する初期段階から、多様な関係者による対話を開始することである。行政も、早い段階であれば政策選択の自由度や柔軟性がある。しかし、専門家委員会や審議会などで政策選択の検討が進んでから市民が参加しても、科学的合理性で狭まった選択肢を変更することは難しい。日本の行政は制度的経路依存性が強く、一度決めた政策を変更することには、行政内部できわめて強い抵抗力が作用する。

「対話の場」とは何か

経営学者・伊丹敬之の著書『場の論理とマネジメント』を踏まえ、「対話の場」とは何か、「対話の場」の形成をどのようにすればよいのかを考える。伊丹に基づくと、「対話の場」の形成には以下の4点が不可欠である（伊丹［2005］102〜148頁）。

(1)「対話の場」のオーナーシップ　「対話の場」の出発点は、社会課題の解決策を多様な関係者との対話によって発見しようという使命感と能力を持った主宰者の存在である。主宰者は、「場」の形成と管理運営に必要な資源（知識・情報、人間関係などの社会関係資本、ヒト・モノ・カネなど）を有し、事務局機能が求められる。「対話の場」のオーナーは主宰者である。メンバー選定、議題設定、対話のルール設定、会場設営や開催案内などの権限は主宰者にある。

国などの行政が主宰者となる場合は、実際の「場」の管理運営や事務局はコンサルタント会社などに委託されることがある。こうした事例は、第4章でも述べたように、フランス政府やイギリス政府が主宰した気候市民会議なども含め、欧米でも多く存在する。

(2)「対話の場」のメンバーシップ　どのような基準に基づいて「場」の参加者を選択するのかというメンバーシップ問題は、対話的環境や対話的土壌を決定する重要な点である。

「対話の場」の初期段階では、行政担当者や専門家と市民参加者の間には、社会課題に対する知識情報において大きな格差が存在する。知識量や情報量の格差は、自由で安全で対等な「対話の場」（自由で安全な対話の場を「サンクチュアリ」とも表現する）づくりの大きな障害となる。

知識量や情報量にかかわらず，自由で安全で対等な対話を可能とする対話的環境や対話的土壌の整備が必要である。そのためには，行政担当者や専門家には，市民の意見を聞くことに対する誠実さと敬意，さらには他者を理解しようとするエンパシー能力が求められる。エンパシー能力が対話を支え，「対話の力」を育み，対話を通じた発見を可能にする。

同時に，すべての参加者には「対話の場」を「学びの場」とすることが求められる。対話を効果的に行おうとすれば，後に述べるミクロ・マクロ・ループを活用し，社会課題に対する知識情報を蓄積していくことが必要である。

科学技術社会学では「素人の専門家モデル」と呼ばれる研究がある。市民が専門学会誌などを読み込み，さまざまなチャンネルを活用して学ぶことで，専門家が持ちえない独自の専門的知識を習得することは，癌患者家族会などでみられる。癌患者家族会は，がんの終末医療（ケア）のあり方をめぐり，癌学会との合同シンポジウムなどを行っている。

暉峻は対話の魅力は，対話の持つ平等性，相互性，話し手の感情や主観を排除しない人間的全体性，勝ち負けのない対話から生まれるものへの尊敬であるとしている。「対話の場」の参加者には，こうした対話の魅力を理解し，対話の価値を評価するエンパシー能力が必要である。

(3)「対話の場」の協働とパートナーシップ　「場」の基本要素として，伊丹は①議題の設定，②対話のルール，③フェイス・ツー・フェイスの重要性を含む情報共有，④共感に基づく協働意識の醸成という4点を指摘している。

「対話の場」の議題は、主宰者が設定することが多い。しかし、「対話の場」のプロセスのなかで、参加者の議論を踏まえて議題を修正したり、新たな議題を付加するなどの柔軟な運営が「対話の場」の発展には適している。

対話のルールとして「他者の意見を否定しない」「発言を途中で妨げない」などのことがよくいわれる。しかし、実際には否定と批判の区別は難しく、ともすると「他者の意見を否定しない」ということを強調しすぎると、健全で建設的な批判を抑制してしまうことがある。また、一部の専門家や市民のなかには自分の主張を延々と述べ、対話的環境を損なうこともある。主宰者は、メンバー選定の重要性を再確認し、「対話の場」における他者への敬意や誠実さとエンパシー能力の重要性を、繰り返し確認することが重要である。

対話的環境や対話的土壌を豊かにし「対話の力」を育むためには、直接の対話を通じたエンパシー能力に基づく協働意識の醸成が重要である。直接の「対話の場」の設定が難しい状況がコロナ禍で続いてきたが、オンラインによる音声や映像だけではない、直接の対話における細かな表情や熱意などの身体言語は、エンパシー能力に基づく協働意識の醸成に大変重要である。

(4) ミクロ・マクロ・ループの重要性　「対話の場」が機能することで「対話の場」の情報的相互作用が進み、参加者の個人的学習を刺激し、個人的な情報蓄積を生む。こうした個人的情報蓄積はさらに「対話の場」の情報的相互作用を促進し、参加者間の議題の共通理解と統合的努力が高まり、個人的学習の刺激と個人的情報蓄積という拡大再生産メカニズム（ミクロ・マクロ・ループ）を形成する。「対話の場」「対話の力」を育み、対話を通じた発見が可能になるかどうかは、ミクロ・マクロ・ループがうまく機能するかどうかにかかっている。

伊丹は、ミクロ・マクロ・ループは、自発的に起きている個と全体を結ぶループであり、「場」における①周囲の共感者との相互作用、②全体での統合努力、③全体から個人へのフィードバックという三つの相互作用を伴ったフィードバック・プロセスであるとしている（伊丹［2005］125～129頁）。「対話の場」のミクロ・マクロ・ループが効率的に作用することにより、個人は自律的でありながら、全体としての共通理解も生まれ、自律的な行動から共通理解という秩序が生まれる。

3　アメリカのスリーマイル島原発2号機（TMI－2）の廃炉と「対話の場」

次に、実際の「対話の場」のデザインについて、アメリカのスリーマイル島原発2号機の廃炉と福島第一原子力発電所の廃炉をめぐる「対話の場」を考察する。

TMI－2事故の概要と対応

１９７９年３月28日午前４時１分（アメリカ東部・現地時間）、アメリカ・ペンシルバニア州のスリーマイル島原発２号機（圧力水型炉：ＰＷＲ、電気出力90万ｋＷ）で、２次冷却水系脱塩塔のイオン交換樹脂の交換作業トラブルによって主給水ポンプが停止し、タービントリップ（緊急停止）が発生した（松岡［２０２２］）。

タービン停止により、原子炉の温度・圧力が上昇し、原子炉は緊急自動停止（スクラム）した。その際、加圧器逃がし弁の故障により、冷却水漏洩が続き、非常用炉心冷却装置が自動起動した。ＴＭＩ－２の当直運転員は、状況が正確に把握できず、冷却水は満水であると誤認し、非常用炉心冷却装置の冷却水充填量を絞った。そのため、圧力容器内の水位が低下し、核燃料集合体がむき出し状態となり、炉心溶融が発生し、核燃料の約45％が溶融した。

ＴＭＩ－２事故により、ヘリウム、アルゴン、キセノンなどの放射性物質が大気中に放出され、周辺住民14万人が一時的に避難する事態となった。しかし、オフサイトへの放射性物質放出量は92・５ＰＢｑ（ペタ〔10の15乗〕ベクレル）で、周辺住民の被曝は０・０１ｍＳｖ（ミリシーベルト）から１ｍＳｖ程度と低線量にとどまり、住民の一時避難は１週間程度で解除された。

ＴＭＩ－２事故は国際原子力事象評価尺度でレベル５と評価された。ちなみに、１９８６年４月26日に発生したチェルノブイリ原発４号機事故および２０１１年３月11日の福島第一原子力発電所事故はレベル７である。

事故発生から4日後の1979年4月1日、当時のジミー・カーター大統領はTMI－2の現地視察を実施した。同年4月11日には、大統領令によるTMI－2事故・特別調査委員会としてケメニー委員会が発足した。4月27日、事故を起こしたTMI－2の炉心は100℃未満となり、安定冷温停止状態の達成が宣言された。事故調査を担ったケメニー委員会は、10月30日、カーター大統領へ報告書を提出した。ケメニー委員会報告書を受け、12月7日、カーター大統領は大統領声明を発表し、原子力規制委員会（NRC）委員長の更迭とTMI－2事故処理の推進を表明した。

TMI－2事故処理・廃炉は、TMI－2を運転していた電力会社（GPU）、アメリカ電力研究所（EPRI）、1975年に設立されたNRC、77年に設立されたばかりのエネルギー省（DOE）という四つの主要なプレーヤーによって合意された4者協定であるGEND協定（GPU、EPRI、NRC、DOEの頭文字から名付けられた）に基づいて実施された。事故から1年後の1980年3月26日に締結されたGEND協定に基づき、4者によるパートナーシップ型廃炉ガバナンスが形成され、TMI－2の廃炉事業計画が作成された。

約131・8トンの燃料デブリの取り出しは、1985年10月30日から90年1月30日の4年3カ月をかけて行われた。また、取り出された燃料デブリは、専用のキャニスターへ収納され、鉄道輸送用のキャスクへ入れられ、1986年7月20日から90年5月9日の3年10カ月の時間を使い、アイダホ国立技術研究所（INEL）の中間貯蔵施設へ輸送された。

事故後の浄化作業やデブリ取り出し作業などで発生した約９０００トンの汚染水の処分方法は、サスケハナ川のＴＭＩ‐２下流に飲料水取水口を持っていたランカスター市などが、事故当初から強い関心を持っていた。事故から約２カ月後の１９７９年5月21日、ランカスター市は、ＴＭＩ‐２事故により生じた汚染水処分方法について、たとえ浄化処理により環境基準内となった処理水であっても、河川への放出を禁止することを求めて原子力規制委員会を提訴した。

これを受け、１９８０年2月27日、原子力規制委員会は、事故由来の処理水の河川放出を禁止するということで、ランカスター市と和解した。電力会社は、時間的にも費用的にも処理水の河川放出が最適であるとして、河川放出の意向が強かった。しかし、原子力規制委員会とランカスター市との和解条項により、河川放出とは別の方法として蒸発処理が採用され、１９９１年から93年の３年間で、処理水９０００トンの蒸発処理が実施された。

１９９３年12月28日、原子力規制委員会は、ＴＭＩ‐２の中間ステート（デブリ取り出し後の安定貯蔵状態）への移行を認可し、ＴＭＩ‐２廃炉事業は、いったん終了することとなった。

ＴＭＩ‐２の原子炉や建屋などの解体・撤去は、事故後の１９８５年9月18日に再稼働していたスリーマイル島原発1号機（ＴＭＩ‐１）の運転終了および廃炉後に実施されることとなっていた。

２０１９年9月20日、ＴＭＩ‐１が営業運転を終えたことで、今後、ＴＭＩ‐２の原子炉・建屋などの解体・撤去が実施される予定である。現在、スリーマイル島原発を所有しているファースト・エナジー社によれば、TMI-1の廃炉後に、TMI-2の解体・撤去を2041年に開始し、53年に完了予定である。

TMI-2廃炉事業と「対話の場」の形成

GEND協定に基づくTMI-2のパートナーシップ型廃炉ガバナンスにおいて、地域社会との「対話の場」を形成する役割を担ったのは原子力規制委員会（NRC）であった。原子力規制委員会は、1972年に制定された市民委員会設置法に基づき、TMI-2廃炉事業に関する地域社会との「対話の場」である市民委員会を、80年11月12日に設置した（松岡［2022］）。

原子力規制委員会が市民委員会を設置した主な目的は、上述した汚染水処理に関するランカスター市との裁判と和解であった。GEND協定を締結した4者のなかで、原子力規制委員会が地域社会との「対話の場」の必要性を最も強く認識していた。また、地域社会にとっても、規制機関である原子力規制委員会が主宰者を務めることが、「対話の場」を受け入れやすくしたと考えられる。

委員12名からなる市民委員会は、一般市民へ開かれたかたち（開催会場や開催時間などのアクセスの容易性なども含め）で開催することが原則とされ、TMI-2廃炉事業を多面的に議論する独立した委員会であった。連邦法の規定で、市民委員の選定方法は、一般市民を含む多様な分野から公正でバランスのとれた委員選定が求められている。TMI-2の市民委員12名は、以下の四つの基準によって、原子力規制委員会が選定した。

⑴選挙で選出された人　周辺地方自治体の首長3名。ちなみに、2代目の市民委員会座長を務めたアート・モリスはランカスター市長であった。1994年の原子力規制委員会報告書は、座長としてのモリスは大変有能でリーダーシップがあったと高く評価している。1983年、第2代の市民委員会座長に就任したモリスは、その後、93年9月23日の市民委員会終了まで座長として市民パネルを主導した。モリスの開かれた公平で気さくな委員会運営は、原発推進派も反対派も含め、多くの市民や関係者から高く評価された。

⑵科学者　ペンシルバニア大学などの科学者3名。

⑶原発推進、中立、原発反対の立場の人　2000名の会員を持つ反原発組織（TMIA）やサスケハナ川の汚染問題に取り組む市民組織（SVA）などから3名。

⑷市民と専門家　最初はペンシルベニア州政府の役人3名が選ばれたが、市民の批判を受け、3名はすぐに専門家と市民へ変更された。

市民委員会の事務局は、連邦法に基づき原子力規制委員会が担った。市民委員会の議題は、原子力規制委員会により以下の七つの議題が設定された。ただし、第4議題は、市民委員会の議論を踏まえ、1986年に新たに設定されたものである。

①事故処理および廃炉の資金、②高レベル放射性廃棄物の保管・処分、③緊急事態対応、④健康

への影響とその研究、⑤汚染水・処理水の保管・処分、⑥廃炉作業員の被曝、⑦エンド・ステート（廃炉の終了）までの安全貯蔵。

市民委員会には、委員以外の市民、原子力規制委員会委員、原子力規制委員会職員、電力事業者、エネルギー省職員なども多数参加し、一般参加者も市民委員会での発言が許され、対話に参加した。1994年の原子力規制委員会報告書は、市民委員会は大変活発な「対話の場」として機能したと評価している。さらに、市民委員会は、TMI‐2廃炉事業に対する「究極の監視者」として機能し、信頼と正統性、相互学習に特徴づけられるものであったと評価している。

市民委員会は、1980年11月12日から93年9月23日（中間ステート・安定貯蔵への到達）までの13年間、合計78回開催された。また、TMI‐2近くのペンシルバニア州の州都ハリスバーグ市などでの公聴会も開催した。さらに、首都・ワシントンの原子力規制委員会本部において原子力規制委員会委員との定期的な会合も開催し、TMI‐2廃炉事業への意見交換や提案を行った。なお、原子力規制委員会への市民委員会提案は、市民委員の多数決による承認が必要とされていた。

1993年の市民委員会終了に際して、ある市民委員は以下のように述べている。

「市民委員会が13年間も続いたことは本当に驚きだった。当初は年2回の開催予定でスタートしたが、大変活発な対話が続き、結果的には年6回も開催された。多くの一般市民や関係者が『対話の場』に参加し、とても充実した『対話の場』となったことを大変誇りに思う」。

原子力規制委員会報告書は、市民委員会の「成功」の要因として、以下の7点を指摘している。

①市民委員会の目的設定　市民参加の程度と市民委員会の能力・有効性。市民委員会内あるいは市民間の意見の違いやコンフリクトの調整。

②市民委員会を支えた特性　適切な課題設定。市民委員会の成功と市民の関心の高さとの相関関係。

③市民委員会の構成　座長の役割の大きさ。専門家の役割や相互学習の重要性。多様な将来像の議論の重要性。市民委員の多様性が市民委員会に対する社会的信頼感を醸成。

④「対話の場」のデザインとルール　発言ルールの設定。安全で安心な対話ができる雰囲気の醸成。参加者のコメント集約によって市民委員会と一般市民との対立を解消。市民参加の促進と原子力規制委員会への報告や要望の役割。

⑤市民委員会のＴＭＩ－２廃炉事業への効果　市民委員会の役割は原子力規制委員会と電力事業者への監視機能。市民委員会が3者（市民、原子力規制委員会、事業者）のコミュニケーションを促進。廃炉の技術的方法についても、市民委員や参加市民から提案された代替案を考慮。

⑥メディアの役割　ローカルメディアの役割や情報伝達の重要性。市民委員会の活性化と市民参加。

⑦長期に持続した市民委員会　市民委員や一般市民が廃炉について学習する十分な時間の確保。

効果的な廃炉に関するコミュニケーションを可能にする十分な時間の確保。市民委員会の参加者間の信頼醸成。

さらに、1994年の原子力規制委員会報告書は、多様な関係者へのインタビュー調査から、市民委員会の評価として以下の3点を指摘している。第1は、「対話の場」の主宰者である原子力規制委員会は、市民委員会の活動から、効果的情報伝達やコミュニケーションについて、最も多くのことを学んだ。第2に、電力事業者は、市民委員会は反原発派市民の意見が強く反映され、一般市民の声が公正に反映されていないと評価した。第3に、市民サイドでは、市民委員会は原発推進派の意見を反映しすぎたとの不満が多く聞かれた。

2名の市民委員の意見を紹介しておきたい。

「市民委員としての経験は決して楽しいものではなかった。しかし、私は委員を続けた。なぜなら、市民委員会はほかには決してないやり方で、TMI－2廃炉事業に関する地域住民の対話の場を活性化させたからである」。

「市民委員の経験はとても楽しく興味深いものだった。TMI－2廃炉事業で何が行われているのかについて多くのことを学び、とても有益な学びの場であった」。

4 福島第一原子力発電所（1F）の廃炉と「対話の場」

2011年3月以来、筆者は福島原子力災害の研究を続けるなかで、被災地である福島県浜通り地域社会との対話を行ってきた。2016年末、福島県広野町の遠藤智町長から依頼を受け、早稲田大学などの学者と市民が協働し、長期的かつ広域的観点から福島復興や1F廃炉について研究する早稲田大学ふくしま広野未来創造リサーチセンター（以下、リサーチセンターと表記）を設置することとし、2017年5月、広野町公民館にて開所式を開催した。

2011年4月の研究開始からリサーチセンター開所までの6年間、福島復興研究を実施するなかで、福島の市民から「専門家は福島で環境測定をしたり、住民へのアンケート調査を行っているが、研究成果を地域社会へ十分に還元していない」といった批判をたびたび受けてきた。市民のなかには「東京の大学や学者は福島復興には役に立たない」という人もいた。

リサーチセンターは、科学と政治と社会が協働し、福島復興の「一丁目一番地」である1F廃炉の将来像や原子力産業だけに依存しない地域社会の将来像をともに考え、研究成果を社会へ提案することを使命としてきた。

以下では、2019年7月に設置した科学と政治と社会が協働して1F廃炉の将来像を考える

「1F廃炉の先研究会」および1F地域塾について紹介する。とくに、1F廃炉の先研究会が主宰し、2020年秋から21年春に実施した専門家と国・東京電力と市民による「対話の場」の実践から、社会課題解決のための協働と「対話の場」について考える。

科学と政治と社会の協働――ふくしま学(楽)会と1F廃炉の先研究会

リサーチセンターは、科学と政治と社会の協働を重視し、協働の場の具体化として、世代を超えて、地域を超えて、分野を超えて、福島復興についてともに考え、議論をする場として「ふくしま学(楽)会」を開催している。ふくしま学(楽)会は、地域の高校生、市民、地方自治体職員、国や東京電力などの関係者、多様な専門家などとともに、2018年1月に第1回を福島県広野町で開催し、その後、半年に1回のペースで開催している。2022年7月に第10回は福島県富岡町で開催した。

ちなみに、ふくしま学(楽)会という名称は、首都圏の産業廃棄物の不法投棄で苦しんだ瀬戸内海の豊島(てしま)(香川県小豆郡(しょうずぐん)土庄町(とのしょうちょう)、人口768人の瀬戸内海の島。瀬戸内国際芸術祭が開催される島として有名)において、住民と専門家が協働し地域再生に取り組んできた豊島学(楽)会から学んだものである。

ふくしま学(楽)会は、「今、福島から考える未来のこと」(第3回ふくしま学〔楽〕会)といったテーマは設定するが、結論を得ることを目的としないオープンエンドな「対話の場」である。なお、リサーチセンターはメンバーシップ制度をとっているが、ふくしま学（楽）会への参加はすべての市民にオープンである。

結論を求めないオープンエンドな議論を行うことで「対話の力」を育み、自由な対話から福島復興への新たな知識や社会イノベーションのアイデアを発見することを目的としてきた。しかし、リサーチセンター長を務めてきた筆者には、「専門家は、研究成果を地域社会へ還元してくれない」という市民からの批判が常に念頭にあった。

２０１９年１月、福島県楢葉町で開催した第３回ふくしま学（楽）会において、２０５０年に持続可能な地域社会の形成を目的とした「ふくしま浜通り社会イノベーション・イニシアティブ（ＳＩ構想）」を提案した。ＳＩ構想の第１の柱は、１Ｆを事故遺構として保全し、１Ｆを将来的な地域資産として位置づけることを検討し、１Ｆの多様な将来の選択肢を科学と政治と社会が協働して考えるという提案であった。

ＳＩ構想を具体的に検討するため、２０１９年７月、１Ｆの将来像を考える「１Ｆ廃炉の先研究会」を設置した。発足時の研究会は、福島県浜通り地域で復興支援活動を行っている地域社会組織の関係者、日本原子力学会の関係者、大学や国の研究機関の技術系と社会系の専門家など14名で構成されていた。また、研究会には、経済産業省資源エネルギー庁、東京電力、朝日新聞やＮＨＫなどのマスコミ関係者もオブザーバーとして参加し、ともに議論してきた。

先に述べたふくしま学（楽）会とは異なり、1F廃炉の先研究会は、1F廃炉の将来像に関する多様な選択肢を明らかにし、社会へ提案するという明確な目的を持った「対話の場」であり、「目的のあるコミュニティ」である。「目的のあるコミュニティ」とは、何らかの社会的価値の創造を目的として、多様な人々が形成する組織であり、地域社会とは異なる（詳しくは終章を参照）。

1F廃炉の先研究会は、第1回（2019年7月）から第5回（2020年4月）までの討論を踏まえ、『1F廃炉の先研究会・中間報告』（2020年5月）を公表した。『中間報告』では、1F廃炉事業の進め方や廃炉の将来像について、以下のような課題を指摘した。

1F廃炉の技術的側面では、①廃炉実施体制の一元化の必要性、②全体的な最適性を考えることの必要性、③汚染水処理における地域社会の理解の重要性、④廃炉の将来像と中間ステート（すべて解体・撤去する前に、途中段階で廃炉事業を中断し、放射線量の低減を図る）の明確化の必要性、という4課題を指摘した。

社会的側面では、①専門家と市民の役割や関係を検討すること、②1F廃炉の先と中間貯蔵施設（1F敷地を取り巻く約1600ヘクタールの除染土壌保管場所）の将来像との一体的構想の必要性、③明確な廃炉ガバナンスの確立、④1F廃炉プロセスそのものを地域資源化する仕組みづくり、という四つの課題を指摘した。

さらに、暫定的な結論として『中間報告』では次の提案を行った（1F廃炉の先研究会［2020］）。

現在の政府の1F廃炉政策を定めた『中長期ロードマップ』は、廃炉リスクの技術的評価に基づくものであるが、環境的・社会的・経済的な持続性などの社会的評価を含めた多様な観点から『中長期ロードマップ』を再検討することが必要である。『中長期ロードマップ』の再検討においては、技術的課題と社会的課題という二つの側面を統合し、福島県として、日本社会として、人類社会として将来的にどのように1Fを利活用するのがよいのかという視点から、幅広い市民参加の「対話の場」の形成が不可欠である。

第４回ふくしま学（楽）会，ふたば未来学園（福島県広野町），2019年８月３日

第５回ふくしま学（楽）会，ならはCANvas（福島県楢葉町），2020年１月26日

1F廃炉の先を考えるとは、40年後、100年後の廃炉の先の絵を描くことだけではなく、地域内外の多様な

人々が関わる廃炉プロセスそのものを拡大再生産し、1Fを地域資源化する仕組みづくりを考えることである。

この『中間報告』を踏まえ、2020年5月から21年2月にかけ、1F廃炉の先研究会は、市民との「対話の場」、国・東京電力との「対話の場」、市民と国・東京電力と専門家との「対話の場」という多様な形態の「対話の場」の形成に挑戦した。

次に、こうした1F廃炉の将来像を考える「対話の場」形成への挑戦から、どのような教訓や課題がみえてきたのかを論じる。

1F廃炉の将来像を考える「対話の場」

2020年5月の『中間報告』公表を踏まえ、1F廃炉の先研究会は、市民と行政・事業者と専門家との協働による「対話の場」を形成し、1F廃炉の将来に関する多様な選択肢や廃炉プロセスそのものの地域資源化を議論することを次の目標とした。

⑴地域住民との「対話の場」　まず、『中間報告』について議論する「対話の場」を、研究会メンバー14名と福島浜通り地域住民14名で開催した（2020年5月）。参加市民の選択は、世代、地域（福島県浜通りには南のいわき市から北の新地町まで13市町村がある）、分野（職業）、ジェンダーなどを考慮し、研究会の地域メンバーが推薦し、研究会で議論をして決めた。参加者は、高校生・大学生、

中高年、高校教員、地方自治体職員、水産業、観光業など多様な世代と分野にわたり、ジェンダー・バランスは7対7であった。また、オブザーバーとして経済産業省関係者も出席した。オブザーバーや事務局も含めた「対話の場」の参加者は36名であった。

丁寧な対話を行うため、最初に『中間報告』の説明を行い、その後は三つのグループに分かれて対話を行った。最後に、グループ討議を踏まえた全体討論と「まとめ」を行い、2020年秋に地域住民、国・東電、専門家（研究会）による「対話の場」の形成を目指すという、次のステップを説明した。

この「対話の場」では、①1F廃炉に対する市民の関心が風化しつつある、②廃炉情報のわかりにくさが信頼形成を阻害している、③廃炉計画作成における市民参加の重要性、④廃炉を地域社会の将来の一部として考えることの重要性などが指摘された。とくに、「廃炉を地域社会の将来の一部として考えることの重要性」については、その後、研究会で議論を続け、原子力村の「廃炉のなかの社会」アプローチから、「社会のなかの廃炉」「地域のなかの廃炉」というアプローチへのパラダイム・シフトの必要性として定式化した。

(2)国・東京電力との「対話の場」　市民との「対話の場」に続き、国・東京電力と「対話の場」を開催した（2020年8月）。国（経済産業省資源エネルギー庁）から2名、東京電力から4名、研究会・事務局から18名が出席した。

今後の地域社会との「対話の場」の開催について、東京電力としては地域対話に参加する意欲はあるが、唐突に地域対話に参加すると、地域社会との対立が生じる可能性を懸念している。そのため、まずは1F廃炉の先研究会に仲介役・媒介役を担ってもらい、東京電力と市民の両者の間の距離を少しずつ近づけるプロセスが必要であるという意見が出された。

国からは、1F廃炉プロセスの地域資源化を進める際、地域社会の廃炉に対する関心が薄いことが問題点として指摘された。地域社会の廃炉への関心をどのように喚起するのかを考えないといけないという意見が出された。

こうした東電や国の意見を踏まえ、研究会は、1F廃炉の技術的制約と地域社会の復興や廃炉への要望との両立を図るため、技術面の難しさも含めて市民と情報を共有することを提案してきた。技術的難しさを理解することで、市民がより効果的に議論に参加できる。また、東京電力と地域社会との関係は、加害者と被害者という立場で明確な線引きがされ、分断と対立構造が深まり、お互いの交流が阻害されてきた。地域社会にはいろいろな立場があるが、その壁を乗り越えて将来に向かって地域対話を積み重ねることが求められる。地域対話を積み重ねるプロセスで、地域社会の将来像をめぐる総合的な話題へと広がり、信頼に基づく協働が可能になることを強調した。

(3) 地域住民と国・東京電力と研究会の「対話の場」

以上の「対話の場」を踏まえ、1F廃炉の先研究会が主宰者となり、地域社会、国・東京電力、研究会の3者による「対話の場」（3者会合と名付けた）を、2021年秋に立ち上げることにした。

これまでの『中間報告』をめぐる2回の「対話の場」を踏まえ、3者会合の議題は、「1F廃炉の将来像」と「1F廃炉プロセスの地域資源化」とした。また、こうした目的を達成するために、どのような地域プラットフォーム（地域社会組織）が必要なのかについても議論することとした。参加メンバーは、2回の「対話の場」メンバーを継承しつつ、地域社会は19名、東京電力は5名に拡大した。

第1回3者会合は2020年10月、第2回は11月、第3回は12月、第4回は21年1月に開催した。1カ月に1回のペースで対話を積み重ね、「1F廃炉の将来像」や「1F廃炉プロセスの地域資源化」を推進するための地域プラットフォームの形成に関する提案を議論した。提案作成のため、3者会合メンバーのなかから、地域社会5名、国・東京電力4名、研究会6名を選び、計15名からなる3者会合タスクフォースを、2021年1月に開催した。

しかし、3者会合タスクフォースの議論は著しく迷走した。①そもそも事故炉の廃炉とは何か、②廃炉事業の地域資源化は、地元企業による廃炉事業の下請けと何が異なるのか、③地域プラットフォームとは何か、といった議題の解釈に関して参加者の間に大きな認識の違いがあることが明らかになった。さらに、④溶け落ちた燃料デブリの取り出しは本当に可能なのか、⑤燃料デブリの取り出しには何年かかるのか、⑥処理水の処分方法は海洋放出しかないのか、⑦いったい1F廃炉はいつ終わるのか、といった専門家でも回答が難しい「問い」も多く提出され、「対話」を継続することが難しくなった。

2021年1月の3者会合タスクフォース議論の迷走を受け、主宰者（1F廃炉の先研究会）は3者会合タスクフォースを中断し、「対話の場」を困難にしている要因や条件を分析することにした。そのため、研究会代表者である筆者がほかのタスクフォース14名と個別に面接調査を行い、各参加者の意見を聴取した。その結果、現状では、参加者の間に1F廃炉についての基本的な知識情報や認識に大きな違いがあることが明らかになった。1F廃炉の先（1F廃炉の将来像）を議論しても、その前提となる1F廃炉に関する知識や情報や認識が違いすぎると、なかなか意味のある対話にはならないことが明確になった。

余談ではあるが、タスクフォースの一人との面談では、オンライン方式ということや筆者が東京に住んでいるということもあったのか、大熊町の小学3年生で原発事故に遭い、新潟に避難し、その後、会津若松市で再開された小学校に通うために移住し、中学校まで会津若松市ですごし、高校からいわき市に移り、卒業後は東京の大学へ行きたいという話を1時間近くひたすら聞き続けた。

個人的な話をされても困るなと思い最初は戸惑ったが、しばらくするとこの人は自分の話を誰かに聞いてほしい、誰かに話をしたかったけれど周りに話せる人がいなかったのではないかと思うようになった。オンラインでつながった東京の人が後腐れなく話を聞いてくれそうなので、小学3年生から大熊、新潟、会津若松、いわきと漂流してきた10年間に溜めてきた想いを話したいのだと思い、時々、相槌を打ちながら、ひたすら話を聞いた。話の最後に「自分にとっての故郷は、大熊なのか、会津若松なのか、いわきなのか、時々考えるんですけどね」としばらく考え込んでいたのが強く印象に残っている。

その参加者の話で、もう一つ、とても印象に残っていることがある。

「1Fの敷地を更地にしてほしいと、福島県がいっているじゃないですか。でも、私、思うんですけど、あそこを更地にしてどうするんでしょうね。無理に更地にしても誰も喜ばないと思うのですが」。

タスクフォース個別面談の結果を踏まえ、2021年3月に第5回3者会合を36名の出席で開催した。そして、今後は、①「1F廃炉プロセスの地域資源化のための地域プラットフォームの形成」という目標設定は、いったん取り止めとする、②研究会として、1F廃炉における燃料デブリ取り出しや「対話の場」について、アメリカ・スリーマイル島原発の事例調査なども含め、研究活動を強化することにした。

5　1F地域塾の挑戦――「対話の場」＝「学びの場」の形成

以上の経緯を踏まえ、1F廃炉の先研究会は、2021年5月以降、原子力損害賠償・廃炉等支援機構（NDF）や東京電力の関係者とともに1Fデブリ取り出しに関する研究会を開催した。また、原子力規制委員会（NRA）と1F事故調査を考えるシンポジウムを2回開催した。さらに、1980年代にTMI－2廃炉事業に参加したアメリカ原子力技術者と燃料デブリ取り出しに関する研究会を、アメリカ・エネルギー省（DOE）関係者による廃炉事業と市民参加に関する研究会を実施した。

2021年度のこれらの研究会において、①「社会のなかの廃炉」「地域のなかの廃炉」というアプローチから1F廃炉事業を見直すことの重要性、②1Fの燃料デブリの取り出し作業はTMI－2より格段に難しく、100年を超える年月が必要であり、すべて取り出すことは困難であること、③「対話の場」の形成には、原子力規制委員会の役割も大きいことを明らかにした。

また、これまでの「対話の場」の実践から、「対話の場」と同時に「学びの場」を形成することの重要性が明らかになった。1F廃炉の先を考えるという「目的のあるコミュニティ」としての「対話の場」には、多様な視点を理解する「学びの場」の形成が不可欠である。「対話の場」とは本質的に「学びの場」であり、科学と政治と社会がお互いに他者を理解することを可能にするエンパシー能力の拡大再生産の「場」である。

1F廃炉に関する「対話の場」と同時に「学びの場」を形成するため、1F廃炉の先研究会は福島県立ふたば未来学園中学校・高等学校（福島県広野町、リサーチセンターと協力協定を締結している）と協働し、「1F地域塾——1F廃炉の先を考える、語りあい、学びあいの場」を、2022年7月に開設した。

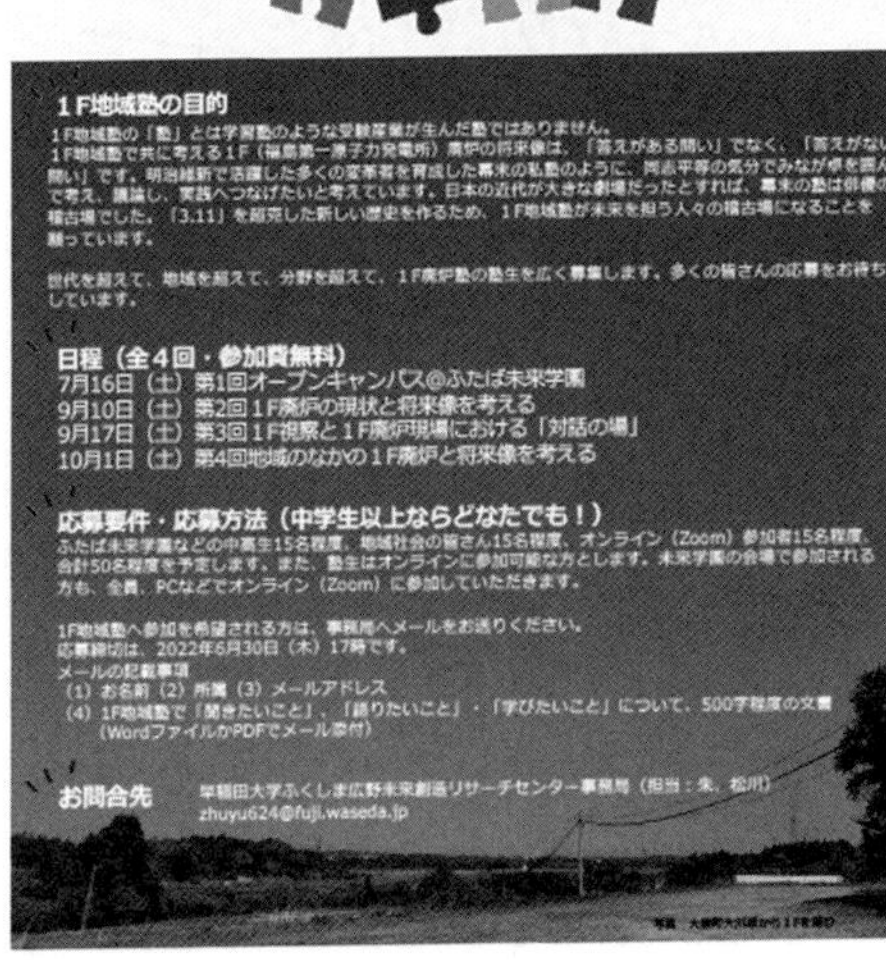

1F地域塾の塾生募集チラシ

1F地域塾でともに考える1F廃炉の将来像は、「答えがある問い」でなく、「答えがない問い」である。これは、序章や第5章で述べた「厄介な問題」でもある。

明治維新で活躍した多くの変革者を育成した幕末の私塾のように、同志平等の気分でみんなが卓を囲んで考え、議論し、実践へつなげたい。日本の近代が大きな劇場だったとすれば、幕末の塾は俳優の稽古場であった。「3・11」を超克した新しい歴史をつくるため、1F地域塾が未来を担う人々の稽古場になることを願って、1F地域塾を立ち上げることとした。地域社会の人々と専門家や国・事業者と、1F廃炉の先（将来像）の選択肢についてともに考え、語り、学びたい。

1F廃炉政策をめぐる科学と政治と社会の協働の場である「対話の場」の実践というアクション・リサーチから得られた知見は、対話だけを目的とした場づくりでは、「目的のあるコミュニティ」の形成は難しいということである。1F廃炉の先を考えるという「目的のあるコミュニティ」の形成には、「対話の場」と「学びの場」を同時につくることが重要である。市民と行政担当者・事業者と専門家が、お互いを理解しようとする真摯な「対話の場」を形成し、お互いが何を本当に知りたいのか、何が大切なのかを学び合う「学びの場」を形成していくことが重要である。

原子力村が占有してきた1F廃炉という市民に近づきにくいテーマに対し、防災や災害対策はすべての市民に関係する身近なテーマである。それだけに、災害対策に関する「対話の場」への参入障壁は低い。しかし、豪雨による洪水・土砂崩れ、地震・津波、火山噴火などの自然災害もあれば、原発事故や化学工場事故などの科学技術リスク、新型コロナなどの生物災害リスクなどさまざまな災害リスクのなかで、科学と政治と社会の協働による「対話の場」＝「学びの場」の形成は、限られたテーマで限られた地域社会でしか試みられていない。

「対話の場」＝「学びの場」の形成には、主宰者の使命感や能力は決定的である。しかし、主宰者の使命感や能力を引き出すのは、「対話の場」のメンバーである市民と行政と専門家の熱意と努力とエンパシー能力である。

付記　早稲田大学ふくしま広野未来創造リサーチセンターは活動範囲の拡大に伴い、２０２２年12月、早稲田大学ふくしま浜通り未来創造リサーチセンターへ名称を変更した。

参考文献

伊丹敬之［２００５］『場の論理とマネジメント』東洋経済新報社。

片田敏孝［２０２０］『ハザードマップで防災まちづくり――命を守る防災への挑戦』東京法令出版。

釜石市鵜住居地区防災センターにおける東日本大震災津波被災調査委員会［２０１４］『釜石市鵜住居地区防災センターにおける東日本大震災津波被災調査報告書』（https://www.city.kamaishi.iwate.jp/docs/2014031200016/　２０２２年9月10日閲覧）。

コリンズ、ハリー＆ロバート・エヴァンズ（奥田太郎監訳）［２０２０］『専門知を再考する』名古屋大学出版会。

阪本真由美・越野修三（２０１５）「想定外に対応するための防災教育――岩手県釜石市の事例より」『地域安全学会梗概集』第36号、7～8頁。

暉峻淑子［２０１７］『対話をする社会へ』岩波書店。

松岡俊二［2020］「ポスト・トランス・サイエンスの時代における専門家と市民――境界知作業者、記録と集合的記憶、歴史の教訓」『環境情報科学』第49巻第3号、7～16頁。

松岡俊二［2021］「1F廃炉の将来像と『デブリ取り出し』を考える」『環境経済・政策研究』第14巻第2号、43～47頁。

松岡俊二［2022］「スリーマイル・アイランド原発2号機の廃炉事業と1F廃炉の将来像を考える」『アジア太平洋討究（早稲田大学アジア太平洋研究センター）』第44巻、77～100頁。

松岡俊二編［2018］『社会イノベーションと地域の持続性――場の形成と社会的受容性の醸成』有斐閣。

早稲田大学ふくしま広野未来創造リサーチセンター・1F廃炉の先研究会［2020］『1F廃炉の先研究会・中間報告』（https://www.waseda.jp/prj-matsuoka311/material/1Fstudy_InterimReport.pdf　2022年9月10日閲覧）。

NRC［1994］*Lessons Learned from the Three Mile Island-Unit 2 Advisory Panel*, NRC.

終章　歴史の教訓を未来へ繋ぐ
——エンパシーと境界知作業者

[松岡俊二]

1　歴史から学ぶことは可能か

「愚者は経験から学び、賢者は歴史から学ぶ」、19世紀にドイツ統一を果たした鉄血宰相オットー・ビスマルクに由来するといわれる格言である。個人的な狭い経験ではなく、広く永い世界の歴史の教訓から学ぶことが、より良き明日の社会を築く知恵となるといった教えとして使われる。

多くの人は「なるほど」と思いながらも、歴史から学ぶとは何なのか、そもそもわれわれは歴史の教訓を学ぶことができるのかといった本質的な「問い」を立てる人もいるだろう。歴史の教訓を学んでいれば、日本社会は福島原発事故をもっと軽度なかたちで抑制することができ、人類社会はロシアによるウクライナ侵略戦争を防止することができたのではないか、とは誰しも思う。

ビスマルクより少し前の18世紀末から19世紀初頭に活躍したドイツの哲学者ゲオルク・ヴィルヘルム・フリードリヒ・ヘーゲルは、民衆や政府が歴史から何かを学んだことは一度たりともなく、歴史から引き出された教訓から行動したことなどまったくなく、歴史の教訓を学ぶことは不可能であり、無意味であると論じた。ヘーゲルの歴史哲学では、歴史とは世界精神の本質である自由を実現していく過程であると定義されている。ヘーゲルの歴史哲学からすると、人々が歴史の教訓をどのように学んだところで、個々の人の意思とは無関係に歴史は動くのであり、歴史から学ぶことは意味をなさない。

20世紀イギリスの歴史家エドワード・ハレット・カーは、人間は何一つ歴史から学んだことはないというヘーゲルの主張は、誰の目にも明らかな事実によって反駁されるとし、第一次世界大戦後のパリ講和会議がナポレオン戦争後のウィーン会議から教訓を学んだことを指摘した。もっとも、カーがヘーゲルに対する反証としたパリ講和会議は、敗戦国ドイツに1913年当時のドイツの国民所得の2・5倍もの巨額の賠償金を課し、このことがナチス・ドイツの誕生と第二次世界大戦の要因となったことを考えると、むしろ歴史の教訓を学ぶことの難しさの事例とすべきものであった。

カーより少し前の時代を生きたイタリアの歴史哲学者ベネデット・クローチェは、現在の生への関心のみが、人を動かして過去の歴史の事実を知ろうとさせるとし、「すべての歴史は現代史である」という有名な言葉を残した。カーはクローチェを引用し、人々の未来に対する展望や期待が現在の関心を規定し、その立場から人々は過去の歴史に向き合うとしている。

歴史の教訓を学ぶとは、現在の人々が未来のより良き社会への期待とビジョンを抱き、こうした未来社会へのビジョンが現在の人々の歴史を学ぶ関心を形成し、過去の歴史から未来社会を創る知恵を得ようとする営為である。歴史を学ぶとは、過去の歴史を学ぶということだけではなく、現在をより広く深く知り、より良い未来を構想することである。歴史を学ぶとは、未来と現在と過去との往復作業である。

筆者の研究分野の一つに高レベル放射性廃棄物の地層処分問題があり、処分場の立地選定において世界の「成功例」といわれるフィンランドの研究も行っている。新型コロナ感染症が起きる前、フィンランドで出会った人類学者から、数10万年後の未来世代にまで及ぶ核廃棄物のリスクを考えるには、数10万年前にさかのぼる人類の歴史を学ぶことが必要だといわれ、深く考え込んだ。

豊かな未来を創るには豊かな過去が必要である。

だからこそ、われわれ人類は過去の歴史をさまざまに調査し、掘り返し、研究するという飽くなき膨大な努力を嬉々として行っているのではないか。歴史の教訓を学ぶとは、現在を知り、未来を創る営為である。

2　災害の教訓の継承と境界知作業者

１９９５年の阪神・淡路大震災，２０１１年の東日本大震災と福島原発事故，２０２０年から現在に続く新型コロナ感染症などを踏まえ，歴史の教訓から学ぶことの難しさに立ち止まるのではなく，どのようにすれば歴史の教訓を学び，歴史の教訓を未来へ継承できるかを考えたい。

２０２０年4月7日に初めて発令された新型コロナ感染症に関する緊急事態宣言が，いったん解除された直後の20年5月30日，筆者はアーティストでドラァグクィーン（drag queen）のヴィヴィアン佐藤から一通の封書を受け取った。封書のなかには，『キネマ旬報』２０２０年4月下旬号に掲載された大林宣彦監督の遺作『海辺の映画館――キネマの玉手箱』のヴィヴィアン佐藤による作品評「固有の自分事としての映画体験」のコピーが入っていた。

作品評には，大林監督が黒澤明監督から引き継いだという「映画とは戦争を知らない世代にそれを伝えるもの」という遺言とともに，以下の大林監督の言葉が記されていた。

「そもそも映画とは正確な記録装置として近代科学文明が発明したものであったはずが，いつのまにか正確性が後退しフィクション性が増し，人類の記憶装置としての立場で生き続けている。映画は小説と同様に嘘で真実を語るのだ」（ヴィヴィアン［２０２０］22～23頁）。

前にも書いたように、原子力発電所から発生する使用済み核燃料や再処理で発生するガラス固化体といった高レベル放射性廃棄物のリスクは数10万年の永きにわたる。そのため、国際的に地層処分政策を主導してきた経済協力開発機構・原子力機関（OECD／NEA）は、地層処分をどのように遠い将来世代へ伝承するのかという「問い」を立て、「記録と知識と記憶」（RK&M：Record, Knowledge and Memory）に関するワークショップを開催してきた。しかし、電子データの保存などのありきたりの議論がもっぱらで、「記録と知識と記憶」を未来世代に伝えるとは、何をどうすればよいのかについて腑に落ちる議論はなかった。

災害の体験や教訓を世代間で継承するために「記録と知識と記憶」が重要なのはわかる。また、記憶は社会関係において形成され想起されるというアルヴァックスの集合的記憶という概念もわかるし、集合的記憶の継承のためには集合的に記憶を再構成する文化装置が必要なこともわかる。

だが、具体的にどのような社会的関係や制度や装置をつくることが、災害の「記録と知識と記憶」を再構成することになるのか。そのアイデアを筆者は考え出せず、歴史の教訓の世代間継承のための「記録と知識と記憶」のコンセプトやモデルがつくれなかった。

ところが、『キネマ旬報』に書かれた大林監督の記録装置と記憶装置という言葉を目にした瞬間、災害の体験や教訓を継承する「記録と知識と記憶」とは、記録の装置を単なる記録をとどめる装置とすることなく、記録を記憶と融合させて集合的記憶へと再編成し、記録の装置を記憶の装置へ転

図終－1　記録・境界知作業者・集合的記憶の概念図

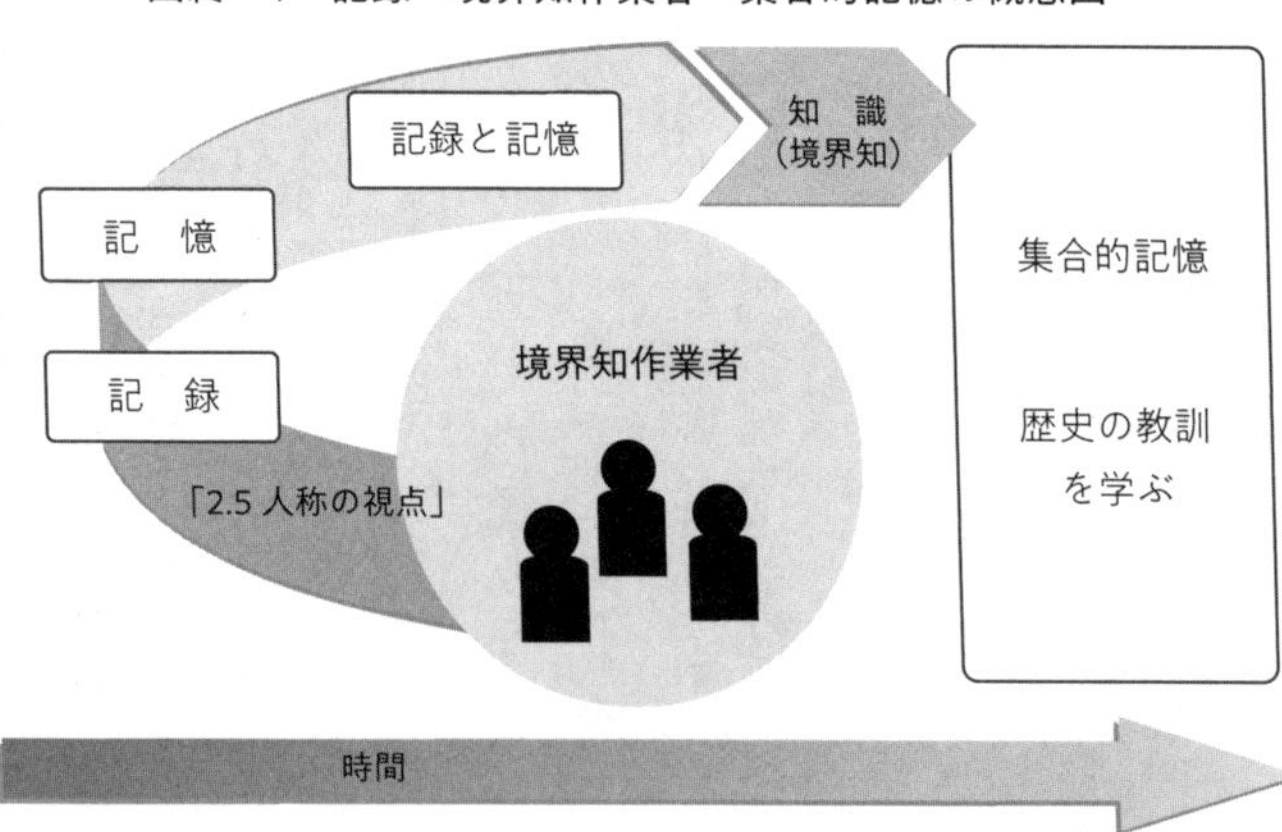

（出所）　松岡［2020］12 頁。

化させることなのだと悟った。また、記録を記憶と融合し集合的記憶へ再編成するのは、記録と記憶を媒介する知識（境界知：boundary knowledge）であり、その担い手が境界知作業者（boundary knowledge worker）なのだということが明瞭になった（図終－1参照）。

このアイデアをコンセプトやモデルへ具体化するには、科学の役割である記録の装置と人文学や芸術の役割である記憶の装置について探究し、記録の装置と記憶の装置との協働について深く考えなければならない。なお、記録と知識と記憶の関係性や集合的記憶については、第6章とコラム③も参照いただきたい。

その際、専門知による災害を記録することと地域知による災害を記憶すること、すなわち「記録と知識と記憶」の協働を可能にすることが必要となる。そのためには、専門知と地域知をつなぎ、集合的記憶の形成を媒介する境界知の役割が重要となり、その担い手である境界知作業者が要となる。

伝記作家ウォルター・アイザックソンは、500年前に活躍したレオナルド・ダ・ヴィンチは境界を超えてアートとサイエンスを実践し、人類初のイノベーター（変革者）であったと評価したが（アイザックソン［2019］）、実は究極の境界知作業者でもあった。アップル社を創業したスティーブ・ジョブズも境界知作業者であったといえる。

福島復興を研究してきた理論社会学者の吉原直樹は、境界知を専門知と地域知との境界に位置し、両者を媒介する知識と定義し、専門知を有して住民サイドに立って活動する境界知作業者を地域専門家と呼んだ（吉原［2017］）。しかし、21世紀における境界知作業者を専門知出身者に限定する必要はなく、地域知を有する市民が専門的知識を学び、境界知作業者となることもありうる。

科学技術社会学における「素人の専門家モデル」はこうしたことを想定している。実際に、がん患者の家族会やHIV／エイズ患者の支援組織などの市民は、医学専門雑誌などを読み、専門的な医学知識も学び、境界知作業者として活躍している。家族会の市民は、癌学会などの専門学会で招待講演を行い、医学の専門家とともに末期がん患者の終末医療のあり方や治療と介護の関係に関する高度な専門的対話を行い、医療の改善に貢献している。

3　境界知作業者とエンパシー

境界知作業者に必要な能力は何か

境界知作業者の役割は、記録と記憶の媒介による集合的記憶の再編成にとって重要なだけでなく、科学と政治と社会の協働の構築においても不可欠である。

科学者・専門家の世界、政治家・政策担当者の世界、社会における市民の世界は、それぞれ異なる知識の文脈や体系を持っており、相互理解は容易ではない。科学と政治と社会の対話の架け橋となる境界知作業者の存在が、科学と政治と社会による「対話の場」＝「学びの場」が有効に機能し、人々が納得しうる効果的な災害対策を形成できるかどうかを決定する。

すでに述べたように、境界知作業者は、科学分野の出身でも、政治・行政分野の出身でも、市民社会の出身でも構わないし、むしろ多様な分野から境界知作業者が育つことが重要である。

それでは、境界知作業者に必要とされる能力とは何だろうか。福島第一原子力発電所の廃炉政策に関する専門家、国・事業者、地域社会との「対話の場」の形成に取り組んできた経験やスリーマイル島原発事故処理に関する市民委員会の歴史研究などから筆者がたどり着いたのは、エンパシーが境界知作業者に必要なコアな能力ではないかという仮説である。

エンパシー（empathy）は日本語では共感と訳されることが多く、同情と訳されることの多いシンパシー（sympathy）とは微妙な意味の相違があるといわれてきた。たとえば、民俗学者・菅豊は2013年に出版された『「新しい野の学問」の時代へ――知識生産と社会実践をつなぐために』の「おわりに――共感し感応する研究者像」において、以下のように述べている。

「シンパシーは、日本語でいう同情や同感、感情移入であり、向かい合う人びとに対して情緒的に同調し、同じ意見をもってしまう心もちであり、一方、エンパシーは自己移入であり、能動的に人びとのなかに入り込んで理解し、その人びとを想像するような動きといえる。……エンパシーは、他者と短絡に自己同一化する『感傷』と、他者を完全に他者化（他人事と）する『共感の欠如（empathy deficit）』という両極の間にあって、人びとをより深く理解する上で大いに役にたってくれる」（菅［2013］241～244頁）。

災害を研究する専門家が、被災者に感情移入（シンパシー）ができたとしても、理解（エンパシー）が欠如していると、独りよがりな調査研究になる。被災者に共鳴し感情移入することで被災者に良いと判断したことが、結果としては被災者にとって好ましくない作用を生み出すことがある。

菅は、他者への感情移入や同情としてのシンパシーと他者への自己移入・理解としてのエンパシーとの違いを強調し、災害研究などの「新しい野の学問」におけるエンパシーの果たす役割の重要性を指摘した。しかし、菅が提起する「共感し感応する研究者像」とエンパシーとシンパシーがどのように関係するのかは明確ではない。また、エンパシーが重要であると論じても、エンパシーはどのような能力であるのか、どのようにすればエンパシー能力が形成できるのかを明らかにしないと、境界知作業者の育成には繋がらない。

シンパシーとエンパシーの違い

日本におけるエンパシー概念の理解と普及において、イギリス・ブライトン在住のパンクロック評論家で作家のブレイディみかこの貢献は大きい。

ブレイディみかこの長男がイギリスの公立中学校において繰り広げるローカルにしてグローバルな日々を描いた『ぼくはイエローでホワイトで、ちょっとブルー』は、2019年に出版された。この本のなかで、息子の中学校のシティズンシップ教育の期末試験で「エンパシーとは何か」という「問い」が出され、「自分で誰かの靴を履いてみること」と息子が答えたことが紹介されている。

252頁の本のわずか4頁ほどのエンパシーに関する記述が、日本の読者の脳と心に深く刺さった。それだけ、日本社会はエンパシー論を待望していたし、エンパシーを必要としている証左であろう。

実は、筆者の娘がこの本を読んでいたので、それなりに評判の本であることは知っていた。しかし読んではいなかった。

２０２１年秋、福島県広野町の教育委員会から広野中学校の図書館に推薦図書コーナーを設けるので、10冊の書籍を推薦してほしいとの依頼があった。最近の中学生がどのような本を読むのかよくわからないので、私の早稲田大学の全学共通科目「エネルギーと原子力を考える」を受講している学生たちに最近読んで面白かった本を尋ねた。すると複数の学生からこの本の名前があがり、学生たちにも結構読まれていることを知った。

ということで、推薦をするのであれば自分も読まなければとなり、２０２１年秋、娘が持っていた本を借りて読んでみると、エンパシーの部分も含めて知的好奇心が刺激され、とても面白かった。ブレイディみかこは以下のようにエンパシー論を展開している。

シンパシーとエンパシーの違いは、イギリスで英語を学ぶ子どもや外国人が重点的に教わるポイントである。シンパシーは、①誰かをかわいそうだと思う感情、②ある考えや理念や組織への支持や同意を示す行為、③同じ意見や関心を持っている人々の間の友情や理解である。一方、エンパシーは、他者の感情や経験などを理解する能力である（ブレイディ［２０１９］94～95頁）。

シンパシーは、かわいそうな立場の人々への同情、自分と同じような意見を持っている人々への仲間意識であり、自分で努力しなくても自然に出てくる感情である。しかし、エンパシーは、自分とは異なる考え方の人々あるいは自分がかわいそうだとは思わない人々が、何を考えているのだろうと想像する能力である。

シンパシーは感情的状態であり、エンパシーは知的作業や想像力である。シンパシーは、かわいそうな人や同じ考えを持っている人といった特定の条件付きの他者に向けられる感情であるが、エンパシーは条件の付かない不特定の他者を理解する能力である。

元イギリス首相マーガレット・サッチャーの私設秘書であったティム・ランカスターは、「彼女はシンパシーのある人だったが、エンパシーのある人ではなかった」とサッチャーを評した。BBCが放送したサッチャー特別番組での証言である。ブレイディみかこが2021年に出版したエンパシー解説本『他者の靴を履く――アナーキック・エンパシーのすすめ』のなかで紹介している（ブレイディ［2021］93頁）。

他者の靴を履くという表現もそうであるが、鉄の女サッチャーを評したランカスターの証言は、シンパシーとエンパシーの違いとエンパシーの重要性を端的にわかりやすく伝える。

サッチャーを不倶戴天の「敵」とみなすブレイディみかこは、庶民出身で「成り上がり者」であったサッチャーは、自分と同じ世界に住む秘書や警護の警察官やお抱え運転手へは、そうした人々の家族も含めて健康状態などを常に心配する母親のような存在であったと紹介している。しかし、自分とは異なる世界に住むさまざまな困難を抱えた人々に対しては、サッチャーは思いを寄せることはなかった。サッチャーは、政府の支援が必要な貧しい人々の話を聞こうとせず、頑なに「自助の美しさ」を信じ込んでいたと酷評している。

4　境界知作業者のすすめ

エンパシー能力の形成

それでは、他者の靴を履く能力であるエンパシーとはどのような能力なのだろうか。当然のことであるが、他者の靴を履くにはまず自分の靴を脱がなければならない。

自分の靴を脱ぐ能力は、自分はこうであるといった思い込みや固定概念から解放され、自由になる能力である。ブレイディみかこは、先に紹介した『他者の靴を履く――アナーキック・エンパシーのすすめ』のなかで、島根あさひ社会復帰促進センターで行われている回復共同体（TC：Therapeutic Community）というプログラムを受講する受刑者たちを紹介している。

回復共同体プログラムは、受刑者が対話を通じて生き直す力の形成を支援する取り組みである。1960年代にアメリカのアルコール依存症患者の更生プログラムとして知られるようになり、現在では世界各地でさまざまな形態の回復共同体プログラムが行われている。島根あさひ社会復帰促進センターは、国内で唯一の回復共同体プログラムを実践している刑務所である。

島根あさひ社会復帰促進センターは、官民協働型ＰＦＩ方式で設置された日本で4番目の男子刑務所で、２００８年10月に島根県浜田市で開所した。職員は国家公務員約２００人と民間職員約

300人で、犯罪傾向の進行していない男子受刑者2000人を収容している。2020年には、坂上香監督による島根あさひ社会復帰促進センターの回復共同体プログラムを記録したドキュメンタリー映画『プリズン・サークル』が公開されている。

島根あさひ社会復帰促進センターの受刑者たち（同センターでは訓練生と呼んでいる）はコミュニティを形成し、さまざまな治療や回復プログラムを共同で受講し、協働で演劇に取り組み、それぞれの経験を言葉にしてコミュニティで語り合うなかで、「自分はこうだ」「本当の自分と思い込んでいたもの」といった囚われから自由になり、囚われを溶かしていく。

訓練生が形成するこのようなコミュニティは、「方法としてのコミュニティ」「目的のあるコミュニティ」といわれるもので、地縁血縁をベースとした地域社会のコミュニティとは異なる。

経営学の父ピーター・ドラッカーは、コミュニティはｂｅ（あるもの）で、組織はｄｏ（するもの）だと表現したが、島根あさひ社会復帰促進センターの訓練生コミュニティはｄｏ（するもの）である。「目的のあるコミュニティ」とは、特定の目的に向けてつくられるもので、その目的によって今までは何の関係もなかった多様な人々が形成するものである。「目的のあるコミュニティ」は、参加者の驚くべき多様性によって特徴づけられるといわれている。

島根あさひ社会復帰促進センターの訓練生コミュニティは、訓練生とともに同センターの民間職員が支援員として対話に参加し、訓練生の相談に乗り、コミュニティを支えている。支援員自身も自らの幼少期や過去の傷ついた体験を語り、訓練生の対話を促す。支援員は境界知作業者としての役割を果たしている。支援員が境界知作業者として訓練生コミュニティを支えることによって、訓練生コミュニティは訓練生が自由に自分を語ることのできるサンクチュアリ（安全な場所）として機能している。

2022年に出版された『プリズン・サークル』のなかで坂上監督は、シングルマザーの家庭に育ち、母親が常に不在で、兄と二人だけで遊ぶことが大好きだったという訓練生の大谷の話を紹介している。大谷は、年上の人と遊んだ経験がないという他の訓練生に対し、次のように答えている。

「でも、楽しいっていうのと真逆の感覚もあって。自分、友達がいなかったんですよ。いつ遊ぶのにも兄貴だけ。友達とワーワーやってる人見て、羨ましいとか、寂しいとかって気持ちもどっかありましたね。それに、なんか、あんま楽しいって感覚、それ以降はないですね」。

「いざこざを忘れたいから飲みに行く。妻にイラついたからキャバクラに行って騒ぐ。仕事でむしゃくしゃするから車ですっ飛ばす」。

「楽しみがなくなると、大ピンチに陥るんですよね。心のやり場がなくなるし。終わった後とかよけいに虚しくなっちゃって……」（坂上［2022］33頁）。

記録映画『プリズン・サークル』を観たブレイディみかこは、日本の受刑者が個人的なことを、他者に対して、自由に自分の言葉で話すことができるということに大きな衝撃を受けたと語っている。「目的のあるコミュニティ」という「対話の場」＝「学びの場」をつくり、演劇などの協働作業を通じて、受刑者は自らのこれまでの経験を自らの言葉で他者に伝え、他者の語る言葉を理解する。まさに自分の靴を脱ぐ能力としてのエンパシー能力の形成である。

エンパシーの拡大再生産

島根あさひ社会復帰促進センターの受刑者の回復共同体プログラムを記録した坂上監督もブレイディみかこも、まるでアメリカかヨーロッパの刑務所を撮った映像を観るようであったと述懐している。坂上監督は、「日本の沈黙の文化は変わらない」という長年の懐疑心が急速に溶けたと語り、ブレイディみかこは「日本では無理だろう」という自らの思い込みを溶かしたと述べている。

島根あさひ社会復帰促進センターの受刑者たちのエンパシー能力の形成と実践が、坂上監督やブレイディみかこの「日本では無理だろう」という固定概念を溶かし、自分の靴を脱がせた。「目的のあるコミュニティ」に参加する人々のエンパシー能力の形成は、関係する周りのほかの人々のエンパシー能力の形成も促し、こうしてエンパシー能力を拡大再生産する社会構造が形成される。

自分の靴を脱いだ後に、他者の汚い靴や臭い靴を履く能力がエンパシーである。しかし、すでにおわかりのように、自分の靴を脱ぐ能力の形成は他者の靴を履く能力の形成でもある。他者の靴を汚い靴、臭い靴と決めつけているのは頑迷な自己であり、とらわれた自己である。思い込みを溶かし、自己を自由にすることができれば、自分の靴を脱ぐことも他者の靴を履くこともできる。

自己を解放し自由にし、他者の靴を履くことは、違う世界があることを知ることでもある。今住んでいる世界ではないほかの世界があることを知ることは、災害や復興へのアプローチにもほかの方法があることを学び、多様なやり方が工夫できることを理解することにつながる。そして、それは変革への挑戦を鼓舞する。こうしたエンパシー能力を身につけた人々が境界知作業者である。

それでは、歴史の教訓を学ぶエンパシー能力とは何だろうか。歴史の教訓を学ぶには、現在の他者の靴を履く能力だけでなく、過去の他者の靴を履く能力と未来の他者の靴を履く能力が必要とされる。しかし、歴史における他者の靴を履くエンパシー能力も、基本的には自分の靴を脱ぐ能力である。自分の靴を脱ぎ、自由に柔軟に思考する能力や想像力が形成できれば、われわれは現在の他者だけでなく、未来の他者や過去の他者とも対話しうる。現在の他者だけでなく、未来の他者や過去の他者と対話することが歴史を学ぶということである。

しかし、エンパシー能力を形成し、働かせるということは、他者との協働という精神的努力が必要であり、精神的負荷を伴う。そのため、ともすると人々はこうした精神的負荷を嫌がり、他者との関わりを回避しようとする。エンパシー能力の形成に伴う精神的負荷にも配慮しつつ、ぼちぼちやることが重要だ。無理をする必要はない。

また、エンパシー能力が重要であるからといって、「自己の解放」や「自己からの自由」という固定概念にとらわれてしまっては本末転倒である。エンパシーは大切だが、エンパシーだけで世界が幸せになるわけではない。科学と政治と社会の協働をつくる多様な集合的営為のなかに、エンパシーを適切に位置づけることが必要だ。

エンパシーと2・5人称の視点

序章で、作家・柳田邦男のいう専門家に求められる想像力を紹介した。第1は、起こりうる災害や事故を予測する能力である。設計や運用の前提条件が満たされなかった場合や、前提条件の想定ラインを超えた事象が発生した場合、どのような災害や事故が発生するのかを想像する力である。第2は、予想外の災害や事故が発生した場合、地域住民や地域社会にどのような事態が生じるのか、その被害の規模と実相についてリアルに想像しうる感性と思考力である。

こうした災害や事故に対する想定外を克服する想像力や思考力は、専門家に求められるだけでなく、政治・行政分野の人々にも、市民にも必要とされる。科学と政治と社会のそれぞれの分野で、こうした想像力や思考力を形成することが必要である。

このように考えると、柳田のいう想像力や思考力は、ブレイディみかこの述べている他者の靴を履く能力としてのエンパシー能力と同じである。さらにいえば、柳田が提示した以下に述べる2・5人称の視点も、専門家だけでなく、科学と政治と社会のすべての関係者に必要な視点であり、

2・5人称の視点はエンパシーの視点である。

柳田は、2005年に発表した『言葉の力　生きる力』のなかで、2・5人称の視点の重要性について以下のように述べている（柳田［2005］231～236頁）。

1997年に神戸市須磨区で起きた連続児童殺傷事件の加害者少年A（当時14歳）の家庭裁判所での審判を担当した判事・井垣康弘は、被害者の両親が申請した被害者の遺影と一緒に法廷審理を傍聴し、法廷で被害者の家族の心情を述べさせてほしいとの要望を却下したことを、3年後に「あの時の判断は間違っていた」と自己批判した。

知識や技術の専門化の進行は、専門家の考え方やものの見方を、狭い観念的な世界に閉じ込め、生身の人間や現実の社会の動向を直視して自らの視点の是非を検証しようとする姿勢を失わせがちになる。専門化社会のブラックホールにとらわれた専門家のものを見る目は乾ききって、ひび割れている。こうした専門家の思考様式は3人称の視点である。

そのうえで、柳田はどうしたら専門家の目に潤いを取り戻すことができるのかを「問い」、2・5人称の視点を提案した。

2人称は肉親や恋人どうしのように「あなた」と呼び合う関係であり、専門家が被害者に対し、その家族の身になって寄り添うものである。しかし、完全に2人称の立場になってしまったのでは、冷静で客観的かつ合理的な判断ができなくなる。そこで、2人称の立場に寄り添いつつも、専門家としての客観的な見方を失わないように努めることが必要であり、それが潤いのある２・５人称の視点である。

柳田は、事故や災害に向き合う専門家の２・５人称の視点の必要性と重要性を強調したが、２・５人称の視点の必要性や重要性は専門家に限定すべきことではない。２・５人称の視点は、科学と政治と社会のすべての分野において必要なエンパシーの視点であり、境界知作業者に必要な視点である。

災害や事故を記録し、それを集合的記憶へ再編成するには、エンパシーと２・５人称の視点を持った境界知作業者が不可欠である。物事を客観的にみることによって正確な記録を収集・保管することができ、被災者や被害者に寄り添うことで、正確な記録と被災者や被害者の記憶を融合し、それを集合的記憶へ再編成することが可能になる。エンパシーと２・５人称の視点を持った境界知作業者の存在が、科学と政治と社会の媒介と協働を可能とし、歴史の教訓を学ぶことを可能にする。

「戦争の世紀」「核の世紀」「災害の世紀」である21世紀のわれわれの住む世界において、災害や事故に対峙するには、科学と政治と社会の協働が不可欠である。こうした科学と政治と社会の協働を可能にするのは、新たな時代を切り拓く変革者＝境界知作業者である。

本書を通じて、一人でも多くの皆さんに、災害対策のパラダイム・シフトを創り出す変革者＝境界知作業者としての歩みを始めていただきたいと願っている。

挑戦は始まったばかりである。

諦めるには早すぎる。

いざ挑戦の旅へともに出発しよう。

付記　本章の第2節と第3節の「シンパシーとエンパシーの違い」は、松岡［2020］を加筆修正したものである。

参考文献

アイザックソン、ウォルター（土方奈美訳）［2019］『レオナルド・ダ・ヴィンチ（上・下）』文藝春秋。

アルヴァックス、M（小関藤一郎訳）［1999］『集合的記憶』行路社。

ヴィヴィアン佐藤［2020］「海辺の映画館――キネマの玉手箱・作品評　固有の自分事としての映画体験」『キネマ旬報』2020年4月下旬号、22～23頁。

榎本庸男［2016］「『歴史から学ぶ』ということ――ヘーゲルの歴史哲学を中心として」『人文論究（関西学院大学）』第66巻第1号、37～50頁。

坂上香［2022］『プリズン・サークル』岩波書店。

菅豊［2013］『「新しい野の学問」の時代へ――知識生産と社会実践をつなぐために』岩波書店。

ブレイディみかこ［2019］『ぼくはイエローでホワイトで、ちょっとブルー』新潮社。

ブレイディみかこ［2021］『他者の靴を履く――アナーキック・エンパシーのすすめ』文藝春秋。

松岡俊二［2020］「ポスト・トランス・サイエンスの時代における専門家と市民――境界知作業者、記録と集合的記

憶、歴史の教訓」『環境情報科学』第49巻第3号、7～16頁。

松岡俊二編［2018］『社会イノベーションと地域の持続性——場の形成と社会的受容性の醸成』有斐閣。

柳田邦男［2005］『言葉の力　生きる力』新潮社。

柳田邦男［2011］『「想定外」の罠——大震災と原発』文藝春秋。

吉原直樹［2017］「防災をめぐるさまざまな知の相克——社会学からの学術連携への一視点」『横幹』第11巻第2号、78～83頁。

OECD/NEA [2019] *Preservation of Records, Knowledge and Memory (RK&M) Across Generations*, OECD.

索　引

● アルファベット

● あ　行

● か　行

● さ　行

た　行

な　行

は　行

● ま　行

● や　行

● ら　行

● わ　行

未来へ繋ぐ災害対策——科学と政治と社会の協働のために
Resilience to the Future: Collaboration among Science, Politics and Society

2022 年 12 月 25 日　初版第 1 刷発行

著　者　松岡俊二，阪本真由美，寿楽浩太，寺本　剛，秋光信佳
発行者　江草貞治
発行所　株式会社有斐閣
〒101-0051 東京都千代田区神田神保町 2-17
http://www.yuhikaku.co.jp/
印　刷　株式会社精興社
製　本　牧製本印刷株式会社
装丁印刷　株式会社亨有堂印刷所

落丁・乱丁本はお取替えいたします。定価はカバーに表示してあります。

Printed in Japan ISBN 978-4-641-17480-1